J. von Frantzius

Das Soolbad Münster am Stein bei Kreuznach

J. von Frantzius

Das Soolbad Münster am Stein bei Kreuznach

ISBN/EAN: 9783744619554

Hergestellt in Europa, USA, Kanada, Australien, Japan

Cover: Foto ©berggeist007 / pixelio.de

Weitere Bücher finden Sie auf **www.hansebooks.com**

Soolbad Münster.

Das Soolbad

Münster am Stein

bei Kreuznach

von

Dr. J. v. FRANTZIUS
Königl. Brunnen - und Badearzt daselbst.

Zweite Auflage.

KREUZNACH,
R. VOIGTLÆNDER.
1870.

Vorwort.

Der Verfasser hat es unternommen, in der vorliegenden Schrift das ärztliche Publikum mit einem
verhältnissmässig noch jungen Bade bekannt zu machen,
welches, obgleich im Ganzen balneologisch identisch
mit Kreuznach, doch durch manche Eigenschaften,
besonders durch seine warme Quelle und seine ländliche
an Naturschönheiten reiche Lage eine selbstständige
Berücksichtigung verdient.

Ohne wesentlich Neues bringen zu können, hat
der Verfasser sich bemüht, eine kurze, übersichtliche
Schilderung aller für einen Kurort wichtigen Verhältnisse zu geben, den pharmakodynamischen Charakter
und die Wirkungsweise der Quellen nach dem gegenwärtigen Standpunkt der Wissenschaft festzustellen
und ihre Anwendung in denjenigen Krankheitsformen
kurz zu besprechen, für welche die Erfahrung und
besonders die eigene Erfahrung die hervorragende

Wirksamkeit derselben unzweifelhaft erwiesen hat. Dabei hat er freilich Manches über Bord werfen zu müssen geglaubt, was bisher vielfach als unnützer oder selbst schädlicher Ballast die Erörterungen über die Pharmakodynamik und die Indicationen unserer Heilquellen beschwerte.

Die Nachsicht, welcher ja Badeschriften in besonderem Grade bedürfen, erbittet sich auch der Verfasser für sein Schriftchen.

Münster am Stein im April 1870.

Inhalt.

I. Einleitung.

Topographie, Klima.

Die Soolquellen von Münster a./Stein werden bereits in einer Urkunde aus dem Jahre 1490 erwähnt. Obgleich schon seit dieser Zeit von einzelnen Kranken aus der Umgegend zu Bädern benützt, verdanken sie doch merkwürdiger Weise ihre allgemeinere Anwendung zu Heilzwecken erst der Entdeckung der Kreuznacher Elisen-Quelle im Jahre 1832 und dem schnellen Emporblühen Kreuznach's in Folge dieser Entdeckung. Erst lange nachdem dort Intelligenz und Thatkraft diese zufällige Entdeckung einer, von den längst bekannten und in nächster Nähe befindlichen Quellen gar nicht verschiedenen Soolquelle, in einer für Kreuznach und die ganze Welt so fruchtbringenden Weise verwerthet hatten, kam man auch auf den naheliegenden Gedanken, dass die gleichartigen Quellen der benachbarten Salinen Theodorshalle und Münster a./Stein, von welchen Kreuznach überdies sein wichtigstes Heilagens, die Mutterlauge bezog, auch die gleichen Heilwirkungen haben dürften. So entwickelte sich allmählig denn auch Münster, anfangs langsam und nicht ohne künstliche

1

Hemmungen zu erfahren, zuletzt rascher zu einem wirklichen Badeort, welcher vermöge seiner ländlichen Stille und seiner herrlichen Lage ein sehr nöthiges Supplement zu dem mehr städtischen Grossbad Kreuznach, mit dem es in balneologischer Hinsicht identisch ist, bildet. Seitdem ist die Frequenz von Münster bis auf nahe an 1000 Kurgäste gestiegen und ist noch in stetem Wachsen begriffen.

Die Lage von Münster, in einem weiten, von steilen Anhöhen umgebenen, durch den Zusammenfluss der Alsenz mit der Nahe gebildeten Kessel, am Fusse der Ebernburg, der alten Feste Sickingens und des jäh in den Fluss abstürzenden, mit den Ruinen einer der zahlreichen Burgen des mächtigen Geschlechtes der Rheingrafen gekrönten Rheingrafensteins, ist von eigenthümlicher und charaktervollen Schönheit und viel mehr grossartig als lieblich. Das Schroffe und Wilde herrscht in dieser Natur zu sehr vor, um dem Anmuthigen genügend Raum zu lassen, aber die Grossartigkeit und Kühnheit der Linien und die Pracht und Mannigfaltigkeit der Farben sind wohl im Stande, diesen Mangel zu ersetzen.

Die geologische Formation besteht ausschliesslich aus Porphyr-Gebirge, das sich hier in einem mächtigen wohl ½ Quadrat-Meile einnehmenden Stock aus den umgebenden, theils dem Diluvium, theils den oberen Schichten des Kohlengebirges angehörigen Formationen erhebt und die beiden grossen, durch die Nahe getrennten und vielfach senkrecht 500—800' in den Fluss abstürzenden Plateau's des Rothenfels und der Gans bildet.

Das Klima von Münster kann man im Allgemeinen als warm, heiter und trocken bezeichnen. Da für Münster

selbst keine langjährigen, ununterbrochenen meteorologischen
Beobachtungen, wie sie allein sichere Schlüsse auf die
klimatischen Verhältnisse zulassen, vorliegen, und der
klimatische Unterschied zwischen Münster und dem nur
$1/2$ Stunde entfernten und nur wenige Fuss tiefer gelegenen
Kreuznach sich natürlich nur auf geringe durch die besondere Configurationen des Terrains bedingte Modifikationen
beschränken kann, so wird es zur Feststellung des klimatischen Charakters genügen, einige Hauptdaten aus den
12jährigen Beobachtungen des Dr. Dellmann in Kreuznach, die er in seiner Schrift „Das Klima der mittelrhein-
ischen Ebene" veröffentlicht hat, anzuführen. Hiernach
betrug in den Jahren 1851—1862 die mittlere Jahres-
temperatur (Mittel von 12 Jahren) 7,66° R., überstieg
aber in dieser Periode in allen guten Weinjahren (1857,
1859, 1861, 1862) 8,0° R. Die mittlere Tagesschwankung beträgt 4,8°. Die Zahl der jährlichen Regentage
ist im Mittel 131. Die Regenhöhe betrug 17,8", was
erheblich weniger ist als in allen rheinischen Städten mit
Ausnahme von Frankfurt. Die vorherrschende Windrichtung
ist W. S. W. Die mittlere Barometerhöhe betrug 333°25.
Durch diese Angaben, wenn man dieselben mit den analogen Zahlen anderer Orte vergleicht, charakterisirt sich
das Klima Kreuznachs im Allgemeinen als eines der wärm-
sten, trockensten und heitersten in Deutschland. Von
grösserer Wichtigkeit als diese Mittelzahlen für das ganze
Jahr sind für einen nur im Sommer besuchten Kurort indessen die für die 5 Sommermonate Mai - September, und
unter diesen wieder von hervorragendem Interesse die
Zahl der mittleren monatlichen Tagesschwankung und die

1*

4

Zahl der Regentage. Bei der Berechnung dieser Zahlen aus den Tabellen finden wir für die 5 Sommermonate als Mittel eines Zeitraums von 18 Jahren (1851—1868):

	Mai.	Juni.	Juli.	August.	September.
Mittlere Temperatur.	11,3	14,1	15,1	14,9	12,1
Mittlere Tagesschwankung.	6,1	5,8.	6,1	6,6	6,8
Zahl der Regentagen.	12,3	11,6	11,0	10,3	8,4

Der Oktober fällt gleich mit einem Mittel von 8,5⁰ ab. Aus dieser Tabelle ersieht man, dass die beiden Endmonate der Kur, Mai und September in Hinsicht ihrer Temperatur noch sehr geeignet für eine Badekur sind, und dass der September der beständigste aller Monate und nur insofern ungünstig ist, als er die grösseste Tagesschwankung zeigt. Nur durch die ganz verschiedene Configuration seines Terrains weicht das Klima von Münster von dem Kreuznach's etwas ab, insofern in dem engen und vielfach gewundenen Thal, das sich nur gegen Süd und Südwest, der Gegend der bevorzugten Windrichtung öffnet, gegen Nordwesten und Nordosten durch steile Abhänge ganz und auch gegen Norden durch eine Windung des Thales ziemlich verschlossen ist, ein Stagniren der Luft auch an den heissesten und schwülsten Sommertagen selten stattfindet, sondern fast immer eine merkliche Luftströmung meistens von Südwest oder West besteht, die im Sommer erfrischend und abkühlend wirkt, in den schlechten Jahreszeiten dagegen dem Klima einen rauheren Character verleiht als in dem mehr geschützten Kreuznach. Das milde Klima Kreuznachs und seiner Umgegend kennzeichnet sich auch durch den Reichthum seiner Flora. Hier ist es nicht allein die grosse Anzahl phanerogamischer Gewächse, welche sich nach dem Ausspruch der Botaniker würdig der Flora Thüringens und der Wetterau anreiht, sondern vor allem das Vorkommen zahlreicher Pflanzenspecies, die in südlichen Gegenden ihre eigentliche Heimath haben, was der hiesigen Flora ihre Eigenthümlichkeit giebt. Ueberrascht fühlt sich der Pflanzenfreund auf seinen Spaziergängen nach den nahen Bergen, wenn er durch üppige Weinberge, die häufig mit (sehr tragbaren) Mandelbäumen bepflanzt sind und durch Gruppen essbarer Kastanien auf die Höhe gelangt und dort an Bergabhängen, auf Felsen und auf Triften die Alpenflora in vielen Gliedern vertreten findet.

Der Lage und dem klimatischen Character entsprechend ist der allgemeine Gesundheitszustand; vorherrschend sind katarrhalische Erkrankungen der Respirationsorgane, Tuberkulose ist ziemlich häufig. Kontagiöse und miasmatische Krankheiten kommen dagegen sehr selten und nie epidemisch vor, mit Ausnahme der Diphteritis, welche in einigen Wintern epidemisch auftrat, seit 3 Jahren aber selten mehr beobachtet wurde. Die meist bewegte Luft, das felsige, stark nach dem Fluss abfallende Terrain, das die Stagnation des Grundwassers und die Entwickelung und Anhäufung miasmatischer Keime im Boden vollkommen unmöglich macht, sind sichere Schutzmittel gegen diese Feinde. Ein Beleg für diese Ansicht ist, dass die Cholera

noch niemals in Münster aufgetreten ist, selbst nicht im
Jahre 1866, wo sie, durch Soldaten in das ebenfalls in-
tacte Kreuznach eingeschleppt, dort ziemlich heftig auftrat. Soll aus diesem Umstand auch keine absolute Im-
munität Münsters gegen diese Seuche hergeleitet werden,
so ist er bei dem lebhaften Verkehr zwischen beiden Orten,
doch immer ein sicheres Zeichen, dass die Bedingungen
zur Entwickelung des Cholera-Contagiums hier so ungünstig wie möglich sind.

Hat die Natur somit reichlich das Ihrige gethan, um
Münster zu einem nicht bloss wirksamen, sondern auch
angenehmen Bade zu machen, so muss man dagegen bekennen, dass die Kunst bis jetzt noch zu wenig dazu beigetragen hat, ihrerseits die Lücken, welche die Natur
gelassen hat, auszufüllen. Die Neuheit des Bades, das
sich bisher nur einer mässigen Förderung seitens seiner
Eigenthümerin, der Königlichen Regierung zu erfreuen
hatte, sowie die Beschränktheit der zu Verschönerungen
verwendbaren Privatmittel erklären zur Genüge diesen
Mangel, der übrigens durch die Fülle dessen, was die unge-
künstelte Natur in unmittelbarster Nähe bietet auch weniger
fühlbar ist als an vielen andern Orten. Die besten und
eigenthümlichsten Vorzüge Münsters, die durch keine Kunst
wesentlich gesteigert werden können, bleiben immer seine
herrliche und gesunde Lage, seine reine und kräftige Luft,
und vor allem sein ländlicher und einfacher Character, der
zwar des Glanzes und der sog. Vergnügungen aber auch
des Geräusches und der beengenden Etiquette eines gross-
artigen Badelebens entbehrt und Kindern wie Erwachsenen
die ausgiebigste Freiheit und Ungebundenheit der Beweg-

ung gewährt. Ein Vorzug, der bei einem Bade, das zur
guten Hälfte von scrophulösen Kindern besucht wird, die
der Luft und Bewegung als wesentlicher Faktoren zur
Heilung bedürfen, wahrlich nicht hoch genug angeschlagen
werden kann. Der ländliche, einfache Character Münsters erstreckt
sich übrigens nicht oder wenigstens nur zum kleinen Theil
auf die Wohnungen. Der so sehr vermehrte Zudrang von
Badegästen in den letzten Jahren hat eine Anzahl grösserer
Bade-Etablissements in's Leben gerufen, welche den besseren Kreuznachs durchaus ebenbürtig sind und allen Erfor-
dernissen bequemer und gesunder Wohnungen entsprechen.
Sind mit den neueren, luxuriöser eingerichteten Häusern
natürlicherweise auch höhere Preise eingekehrt, so giebt
es für bescheidene Ansprüche und Mittel doch immer noch
eine genügende Anzahl älterer einfacher Wohnungen, deren
Preise in einem nicht unbilligen Verhältniss zu ihen beschei-
denen Einrichtungen stehn, und die sich den Reiz einfacher
Ländlichkeit bewahrt haben. Fast alle Badchäuser besitzen
Badeeinrichtungen und die grössten sogar Röhrenleitungen,
welche das Soolwasser direkt von der Quelle zuleiten.
Ausserdem besteht eine der Königlichen Saline zugehörige
öffentliche Badeanstalt mit 12 vorzüglich eingerichteten
und zum Theil mit Marmorwannen versehenen Bädern.

II. Die Heilagentien Münster's.

1. Die Soolquellen. Ursprung und chemisch-physikalische Eigenschaften.

a) *Geologischer Ursprung.**)

Die Quellen von Münster a./Stein, welche mit denen von Theodorshalle, Karlshalle und Kreuznach geologisch zu demselben System gehören, treten sämmtlich entweder direkt, oder, wo Alluvium darüber liegt, indirekt aus dem Porphyrgebirge und zwar sämmtlich aus der Thalsohle zu Tage. Es ist dies Verhalten der Quellen nothwendig begründet in der vielfachen Zerklüftung des hiesigen Porphyrs, in dessen Spalten und Klüften sich die, wie man sich vorstellen muss, von unten heraufgedrückten Quellen einen beliebigen Lauf wählen können also nach hydrostatischen Gesetzen den kürzesten im Flussbett mündenden wählen.

Die Anzahl der zu diesem System gehörigen Quellen ist sehr gross, und erstreckt sich ihr Gebiet auch auf die

---

*) Wir sind hier fast ausschliesslich den Untersuchungen des Dr. H. Laspeyres gefolgt, worin die ältern Ansichten angeführt und widerlegt sind.

bei Münster in die Nahe mündende Alsenz, soweit dieselbe durch Porphyr fliesst. Nur die wenigsten und ausgiebigsten Quellen sind gefasst, in Münster a/St. sechs, von welchen indessen nur zwei, der sogenannte Hauptbrunnen (No. I.) und der Brunnen (No. II.) zu Bädern und zur Salzfabrikation benutzt werden.

Beide Quellen sind erbohrt, und das Bohrloch des Hauptbrunnens 115′ das des Brunnens No. II. 162′ tief. Obgleich alle diese Quellen dicht am Flussbett der Nahe liegen, so stehen doch die Soolwässer mit dem süssen Wasser der Nahe in gar keiner Verbindung, wie daraus hervorgeht, dass sich der Salzgehalt der Quellen mit dem Wasserstand der Nahe nicht ändert, und das Wasser in ihnen immer vollkommen klar bleibt, so trübe auch die Nahe bei Hochwasser zu gehen pflegt. Auch die Temperatur der Quellen ist in allen Jahreszeiten constant. Sie schwankt bei den 19 bekannten Quellen des ganzen Systems zwischen 8⁰ und 24,5⁰ R., welche letztere Temperatur nur der Hauptbrunnen in Münster erreicht.

Ueber den geologischen Ursprung der Quellen gehen die Ansichten der Geologen noch sehr auseinander; doch scheint es, dass die neuerdings von Herrn Laspeyres in seiner Arbeit über die Melaphyre der Pfalz aufgestellte und sehr scharfsinnig begründete Hypothese bei Weitem die plausibelste ist.

Die ursprüngliche Ansicht nämlich, dass unsere Quellen, wie fast alle bekannten Soolquellen aus Steinsalzführenden Sedimentgesteinen entsprängen, musste bald aufgegeben werden, weil alle sedimentären Gesteine der hiesigen Formation in weitem Umkreis den noch nicht steinsalzführenden Schichten der devonischen Formation, des Kohlengebirges und des Rothliegenden angehören, und ferner wegen des gänzlichen Mangels unserer Quellen an schwefelsauren Salzen, den stäten Begleitern von Steinsalzlagern. Es schien nun nichts übrig zu bleiben, als die Soolquellen direkt aus dem Porphyr durch Auslaugung entstehen zu lassen, und diese Ansicht, deren Hauptvertreter eine so gewichtige Autorität wie G. Bischof in Bonn war, schien zur Gewissheit erhoben, als im Jahr 1840 von Schweizer in der That ein geringer Chlorgehalt im Porphyr von Kreuznach, der sich durch Wasser auslaugen liess, nachgewiesen wurde. Der Einwand, dass der Chlorgehalt des Porphyr wahrscheinlich nur ein sekundärer sei, d. h. durch Durchdringung desselben von den Soolquellen entstanden sei, wurde nicht beachtet. Als nun vor einigen Jahren Herr H. Laspeyres mit seinen Untersuchungen über die geognostische Tektonik der Pfalz beschäftigt war, fiel ihm die merkwürdige Uebereinstimmung der chemischen Zusammensetzung der Soolquellen von Dürkheim in der Pfalz einerseits und von der Nahe andrerseits auf, und er legte sich die Frage vor, ob nicht beide Quellensysteme aus ein und derselben geologischen Formation abstammen müssten. Und da eine Herleitung der Dürkheimer Quellen aus dem Kreuznacher Porphyr, oder umgekehrt der Kreuznacher Quellen aus dem Dürkheimer bunten Sandstein geologisch unzulässig war, so drängte sich ihm der Gedanke auf, dass der hier wie bei Dürkheim vielfach zu Tage tretende Melaphyr, ein dem Porphyr nahe verwandtes eruptives Gestein, der gemeinsame Ursprungsherd beider Soolquellensysteme sein könnte.

Es galt nun, diese Hypothese durch möglichst zahlreiche chemische Analysen des Melaphyr zu erhärten, welche denn in der That auch fast sämmtliche Bestandtheile unserer wie der Dürkheimer Quelle, worunter auch die im Porphyr nicht nachweisbaren neuen Alkalien, Caesium und Rubidium, nachwiesen. Nur das Jod und Brom gelang es nicht, in den Melaphyren nachzuweisen, wahrscheinlich weil sie darin in relativ zu kleiner Menge enthalten sind, und es technisch unausführbar war, genügend grosse Quantitäten des Gesteins für die Analysen in Angriff zu nehmen, um auch diese Körper darin nachzuweisen.

b) Chemisch-physikalische Eigenschaften.

Im Folgenden werden wir nur auf den Hauptbrunnen von Münster a./Stein, der fast ausschliesslich zum Kurgebrauch dient, Rücksicht nehmen und nur des Vergleiches wegen zuweilen auf die Analysen anderer Quellen wie der Kreuznacher und Theodorshaller zurückkommen.

Die Temperatur des Münsterer Hauptbrunnens beträgt 24,5° R., und ist derselbe die wärmste aller Quellen des Kreuznacher Quellensystems. Das specifische Gewicht beträgt 1,007. Das Wasser ist bei seinem Hervortreten aus der Tiefe klar und farblos, setzt aber an der atmosphärischen Luft bald gelbliche Flocken (präcipitirtes Eisenoxydul) ab. — Der Geschmack ist schwach salzig, mit leicht bitterlichem Nebengeschmack.

Die chemischen Analysen unserer Quellen, die schon aus dem Jahre 1853 stammen, mögen vielleicht wissenschaftlich nicht ganz auf dem hohen Standpunkt stehen,

welcher besonders von den Bunsen'chen Analysen der
Quellen des Grossherzogthum's Baden repräsentirt wird,
besonders was die Bestimmung des Lithium's und Stron-
tium's betrifft; indessen werden wir bekennen müssen, dass
zur Feststellung des pharmakodynamischen Characters einer
Quelle derjenige Grad der Genauigkeit genügt, welcher
die Verhältnisse der wirksamern und in grössern Mengen
vorhandenen Bestandtheile mit Sicherheit feststellt. Dieser
Grad kann nun, trotz mancher Mängel, in den neuesten
Aanalysen unsrer Quelle vom Jahr 1853 als erreicht angesehen werden, nachdem die Phantasie-Analysen einer
frühern Periode, welche dem Brom den ersten Platz nach
dem Kochsalz anwiesen, wesentlich durch die Bemühungen
des Hrn. Dr. Wiesbaden in Kreuznach ihre gebührende
Beleuchtung und Abfertigung erhalten haben.

Nach der von Herrn Mohr im Jahr 1853 angestellten Analyse enthält der Münsterer Hauptbrunnen in
10,000 Theilen:

Chlornatrium	70,01
Chlorcalcium	12,16
Chlormagnium	1,68
Chlorkalinm	1,53
Bromnatrium	0,75
Jodnatrium	unbestimmt
Kohlensaurer Kalk	1,29
Eisenoxidul	0,037
Kieselerde	0,009

Summa der festen Bestandtheile: 87,46
Spec. Gew. = 1,007.

Im Jahr 1855 wurde das Bohrloch bis auf 162' vertieft;
in Folge dessen stieg die Temperatur der Quelle auf

30,5⁰ C. (= 24,5⁰ R.) und der Gehalt an festen Bestandtheilen nach der Bestimmung des Herrn Polstorf in
Kreuznach auf 99,7 in 10,000 Theilen. Nimmt man, wie
wenigstens annähernd statthaft ist, eine proportionale Zunahme aller festen Bestandtheile an, so berechnet sich die
jetzige Zusammensetzung folgendermassen:

Chlornatrium	79,0
Chlorcalcium	14,4
Chlormagnium	1,92
Chlorkalium	1,74
Bromnatrium	0,76
Jodnatrium	0,0005
Kohlensaurer Kalk	1,45
Eisenoxydul	0,039
Kieselsäure	0,009

Summa der festen Bestandtheile: 99,30

Von Kohlensäure wurden nur 20,9 Volumprozente, also
eine ganz unerhebliche Menge gefunden.

Der Hauptmangel dieser Analyse ist die fehlende
Bestimmung des Lithium's, das, wie aus spätern Mutter-
laugen-Analysen hervorgeht in nicht ganz unbedeutender
Menge vorhanden ist. *)

Des Vergleiches wegen führen wir noch die Analysen
der wichtigsten Quellen Kreuznach's an:

---

*) Es wird gegenwärtig eine neue Analyse des Hauptbrunnens in dem
Laboratorium des Herrn Prof. Bunsen in Heidelberg angefertigt,
deren Ergebnisse leider noch nicht benutzt werden konnte

	Elisabethquelle. (Loewig)	Oranienquelle. (Liebig)
Chlornatrium	94,89	141,54
Chlorcalcium	17,43	20,4
Chlormagnium . . .	5,30	0,19
Chlorkalium	0,81	0,6
Brommagnium . . .	0,35	2,31
Jodmagnium	0,04	0,016
Kohlensaurer Kalk . .	2,20	0,53
Eisenoxydul	0,20	0,46
Kieselerde	0,16	1,3
	121,38	176,34

Die vollkommene Analogie in der Zusammensetzung aller dieser Quellen leuchtet auf den ersten Blick ein. Die qualitative Zusammensetzung ist identisch, das Verhältniss der verschiedenen Bestandtheile beinahe identisch; der einzige Unterschied liegt in der verschiedenen Concentration der Quellen.

2. Die gradirte Soole.

Bekanntlich wird in den Gradir-Salinen die noch nicht siedwürdige natürliche Soole durch Herabträufeln an Dornwänden zur Verdünstung und Concentration gebracht, wobei sich gleichzeitig die schwerlöslichen, erdigen Bestandtheile (hauptsächlich kohlensaurer Kalk und Eisen) ausscheiden und an den Dornen als sogenannter Dornstein absetzen. Gradirte Soole ist das auf diese Weise bis zur Siedwürdigkeit, d. h. bis zu einem Kochsalzgehalt von 14—16% concentrirte Soolwasser. Sie wurde zuerst vor längerer Zeit von Dr. Wiesbaden als Verstärkung der einfachen Soolbäder empfohlen. In einer 14löthigen gradirten Soole von Münster, mit dem specif. Gewichte von 1,1118 fand M o h r in 10,000 Theilen:

Chlornatrium	1205.91
Chlorcalcium	202,06
Chlormagnium	16,91
Chlorkalium	24,79
Bromnatrium	12,69
Jodnatrium	0,007
Thonerde	0,29
	1462,67

Sie ist eine klare, gelbliche Flüssigkeit von scharf salzigem Geschmack.

3. Die Mutterlauge.

Nachdem aus der gradirten Soole durch mehrtägiges Sieden und Abdampfen das Kochsalz zum grössten Theil herauskrystallisirt ist, bleibt eine klare, bräunliche, öl- artige Flüssigkeit von scharfem, bitterlich-salzigem Ge- schmack und hohem specifischem Gewichte zurück, die sogenannte Mutterlauge. Dieselbe muss, wie aus ihrer Entstehung und der Zusammensetzung der gradirten Soole hervorgeht, die Elemente der letztern minus Wasser und Kochsalz enthalten, wird also eine sehr concentrirte, na- mentlich Chlorcalcium enthaltende Salzlösung sein. Die neuere Chemie hat in derselben ausser den schon bekann- ten Bestandtheilen der gradirten Soole, noch Chlorlithium in nicht ganz unbeträchtlicher Menge und ausserdem, ver- mittelst der Spectral-Analyse, die neu entdeckten Alkalien Cæsium und Rubidium in bedeutenden Spuren nachge- wiesen.

Die Zusammensetzung der Mutterlauge ist natürlich eine sehr wenig constante, wie aus ihrer Entstehung leicht begreiflich ist. Je länger nämlich die Abdampfung und das Anskrystallisiren des Chlornatrium fortgesetzt wird, desto concentrirter und .desto ärmer an Kochsalz wird der Rückstand sein und desto höher dessen specifisches Gewicht; je früher man dagegen den Abdampfungsprocess unterbricht, desto mehr Kochsalz und Wasser wird zurückbleiben. In Folge dessen schwankt das specifische Gewicht der Mutterlauge zwischen 1,29 und 1,35 und der Gehalt an Kochsalz zwischen 300 und 150 in 10,000 Theile.

Nach 2 verschiedenen in den Jahren 1853 und 1855 durch die Herren Polstorf und Mohr ausgeführten Analysen der flüssigen Mutterlauge von Münster waren in 10,000 Theilen enthalten:

	a) spec. Gew. 1,313 (Polstorf)	b) spec. Gew. 1,335 (Mohr)
Chlornatrium	2330,69	2622,6
Chlormagnium	300,54	374,4
Chlorkalium	219,16	170,4
Chlornatrium	294,75	159,0
Bromnatrium	72,0	85,9
Jodnatrium	0,07	unbestimmt
Chlorlithium	10,35	
	3222,14	3422,85

Dagegen enthielten nach Bunsen 10,000 Theile der Mutterlauge von Theodorshalle:

Chlorcalcium	3323,9
Chlormagnium	324,5
Chlorkalium	172,2
Chlornatrium	34,4
Bromkalium	68,9
Jodkalium	0,8
Chlorlithium	145,3
Chlorstrontium	28,3
Cæsium \ bedeutende Spuren	
Rubidium /	
	4098,3

Es trat dieser Analyse offenbar eine ganz ungewöhn-
lich concentrirte Mutterlauge zu Grunde gelegen, wie sie
gewöhnlich wohl nicht leicht in den Pfannen zurückbleibt.
Interessant ist sie aber besonders durch die hohe Ziffer
des in den bisherigen Analysen fast verschwindenden Chlor-
lithiums und durch die durch den Spektralapparat nach-
gewiesene Gegenwart der neuentdeckten Körper Cæsium
und Rubidium.

Die Mutterlauge bildet bekanntlich den wichtigsten
Verstärkungs-Zusatz unserer Bäder, und wir werden sehen,
eine wie grosse Rolle ihr Hauptbestandtheil, das Chlorcalcium
überhaupt unter den Bestandtheilen unserer Quelle spielt.
Sie wird unter dem Namen „Kreuznacher Mutterlauge" in
alle Welt verschickt, und wie gross bereits der Bedarf an
diesem Heilmittel ist, mag man daraus ersehen, dass im
Ganzen auf den beiden Salinen gegen 500,000 Quart Mutterlauge jährlich erzeugt werden, welche gegenwärtig sämmtlich zu Bäderzusätzen, theils in Kreuznach und Münster
selbst, theils auswärts verbraucht werden. Rechnet man
im Durchschnitt auf jede Badekur selbst einen Verbrauch

2

18

von 50 Quart, so würde daraus die Zahl von nicht weniger als jährlich 10,000 Badekuren mit Kreuznacher Mutterlauge hervorgehen. *)

4) Die Salinenatmosphäre.

Auch die Salinenatmosphäre spielt unter den Heilagentien Münster's eine nicht unwesentliche Rolle. Die Luft in der Nähe der Gradirwerke enthält nämlich, wie man leicht nachweisen kann, Salztheilchen suspendirt, wie es überall der Fall ist, wo eine Salzlösung (Meerwasser oder Soole) mechanisch durch die bewegte Luft zerstäubt wird. Während nämlich die Flüssigkeitstheilchen der zerstäubten Salzlösung in diesem fein zertheilten Zustand sehr schnell verdunsten, bleiben die festen, salzigen Bestandtheile zurück und werden vermöge ihrer ausserordentlichen Kleinheit lange Zeit in der Luft schwebend erhalten, wo sie sich dem Geruch und zuweilen bei langem Aufenthalte in solcher Atmosphäre selbst dem Geschmack deutlich kundgeben. Am Ufer sehr salzhaltiger Meere und besonders bei starkem Winde ist die Luft bekanntlich so geschwängert mit Salztheilchen, dass bei längerem Aufenthalt die Haut der unbedeckten Körpertheile sich mit einer dünnen Salzkruste bedeckt. Bei der schwachen Soole unserer Saline kommt diese Erscheinung nicht vor; dass aber auch hier die Menge der in die Atmosphäre über-

---

*) Die Verwendung der Münsterer Mutterlauge unter dem Namen „Kreuznacher Mutterlauge" wurde bisher allein durch die Soolbäderactiengesellschaft in Kreuznach bewerkstelligt. Seit dem 1. Januar 1869 ist jedoch der Vertrieb der in Münster erzeugten Mutterlauge der Gesellschaft „Kurverein" in Münster übertragen.

gehenden Salztheile nicht unbedeutend, die Wirkung auf die Athmungsorgane also auch nicht ganz gering anzuschlagen ist, geht schon daraus hervor, dass nach genauer Berechnung in Münster allein täglich durchschnittlich 1281,7 Pfd. Kochsalz auf diese Weise in die Atmosphäre übergehen. Immerhin kann man die Gradirwerke daher mit Zerstäubungsapparaten im Grossen vergleichen, und wenn diese Letztern auch nicht ganz den Erwartungen entsprochen haben, welche ihre ersten Empfehler von ihnen hegten, so werden sie doch immer eine schätzbare Bereicherung des Heilapparates bleiben. *)

---

*) Um die Inhalation zerstäubter Soole auch bei schlechtem Wetter und in concentrirterer Weise zu ermöglichen, hat die Königliche Salinenverwaltung im vorigen Jahr einen grossen nach den besten Principien construirten Zerstäubungs - Apparat in einem bedeckten Raume im Hauptbrunnen aufgestellt, der für 5 — 6 Personen zu gleicher Zeit benutzbar ist, und sich vorzüglich bewährt hat.

III. Pharmakodynamischer Charakter der Quelle.

Sehen wir ab von dem allen Mineralquellen gemeinsamen Lösungsmittel ihrer festen Bestandtheile, dem Wasser und von der Temperatur, welche wir beliebig verändern können, so bleiben die im Wasser gelössten festen oder gasförmigen Bestandtheile übrig, in deren chemischer Constitution der specifische Charakter und die eigenthümliche Wirkungsweise, also die Heilsphäre jeder Mineralquelle, begründet ist. Denn obwohl die Balneologie, trotz aller Untersuchungen und Experimente, deren Resultate in keinem Verhältniss zu ihrer Menge, Weitschweifigkeit und Mühsamkeit stehen, noch sehr weit entfernt ist, eine streng wissenschaftlich begründete Pharmakodynamik aller Bestandtheile einer Quelle aufstellen zu können, so müssen wir, wollen wir anders nicht uns in ganz haltlose und glücklich überwundene Spekulationen über die Wirkung eines specifischen Brunnengeistes oder ganz minimaler Bestandtheile verlieren, doch immer wieder auf die quantitativ und pharmakodynamisch hervorragenden Bestandtheile zurückkommen, so oft wir den Versuch machen wollen, den therapeutischen Charakter

einer Heilquelle zu bezeichnen. Gehen wir von diesem
Standpunkt an eine gewissenhafte Musterung der sehr
stattlichen Reihe der festen Bestandtheile unserer Quelle,
so tritt uns zuerst das Kochsalz· als quantitativ hervorra-
gendster Körper und zwar mit der hohen Zahl von 85 %
aller festen Bestandtheile entgegen. Zweifelsohne werden
wir demselben auch in Bezug auf die Wirksamkeit einen
hervorragenden Platz anweisen müssen, nach der allgemeinen
Ansicht sogar den ersten.

Dass das Kochsalz eine bedeutende Rolle in dem thierischen Haushalt spielt, und ein constanter und nicht uner-
heblicher (0,4 %) Bestandtheil des Blutes und fast aller thierischen Gewebe und Flüssigkeiten· ist, ist eine bekannte physiologische Thatsache, die hier ausführlich zu belegen nicht am
Platze ist. Gleichwohl ist die eigentliche physiologische Rolle,
die es im thierischen Organismus bei der Verdauung und
Ernährung spielt, nichts weniger als mit Gewissheit erforscht.
Mit einiger Sicherheit dürfte folgendes darüber auszusagen
sein: Die vermehrte Zufuhr des Chlornatriums in den
Körper vermehrt nicht nur die Diurese, sondern hat auch
eine Beschleunigung des Stoffwechsels zur Folge, d. h. die
Menge des ausgeschiedenen Harnstoffes und Kochsalzes
nimmt zu, und diese Zunahme ist nicht allein die Folge der
vermehrten Wasserausscheidung (Ausspülung des Harnstoffes) sondern das Resultat bleibt auch bei langer Dauer
des Versuchs constant (Bischof). Die Resorbtion und
Wiederausscheidung des Kochsalzes durch den Urin geht
sehr schnell vor sich. Dass es im Blut und in den die
thierischen Gewebe durchtränkenden Flüssigkeiten die Pro-
tein-Körper in Lösung erhalte ist mehr allgemein angenommen

und wahrscheinlich als durch Versuche bewiesen. In den Magen eingeführt wirkt es jedenfalls fördernd auf die Lösung und Verdauung der Stärke- wie der Eiweisskörper und trägt ausserdem indirekt zur Verdauung bei, indem es ohne Zweifel das Material zur Bildung der Salzsäure im Magen liefert. Es wirkt ferner entschieden als Reizmittel auf die Schleimhaut des ganzen Verdauungskanals und aller damit in Verbindung stehender Absonderungsorgane und bewirkt eine vermehrte Absonderung derselben. Der Kochsalzgehalt des Schweisses, des Speichels, der Thränen ist nach reichlichem Genuss von Chlornatrium vermehrt. Die exosmotische Wirkung des Kochsalzes, d. h. die Entziehung von Wasser aus dem Blut ist gering und kommt nur bei Einführung sehr concentrirter Lösungen in Betracht, welche bekanntlich wässerige Stuhlgänge bewirken. Auf die Nervenfasern wirkt das Kochsalz entschieden als Reiz.

Wollen wir aus diesen physiologischen Wirkungen einen Schluss auf die therapeutische Stellung des Kochsalzes ziehen, so werden wir ganz im Allgemeinen sagen können, dass die Steigerung des Kochsalzgenusses d. h. also die medicinische Anwendung desselben in sehr verdünnten Lösungen wie sie die meisten Kochsalzwässer darstellen, anregend auf die Verdauung, den Kreislauf, die Diurese, kurz auf den ganzen Stoffwechsel wirkt, also in solchen Fällen Hülfe versprechen wird, in welchen durch Stockung in diesen Lebensvorgängen sich krankhafte Zustände entwickelt oder pathologische Ablagerungen gebildet haben.

Als mittlere Dosis des Chlornatrium pro die kann man 5—10 Gramme annehmen. Erwägt man, dass wir nach einer ungefähren Berechnung als Würze unsrer Speisen

täglich durchschnittlich 15—20 Gramme zu uns nehmen,
abgesehen von den 1—2 Grammen, die als natürliche Bestandtheile in unsern Speisen enthalten sind, dass unter
andern eine gut gesalzene Fleischbrühe eine Salzlösung
von nicht viel geringerer Concentration als unsere Soolquelle
repräsentirt, so erscheint es allerdings auffallend, dass
eine so unbedeutende Vermehrung eines täglichen Nah-
rungsmittels so bedeutende therapeutische Wirkungen ausüben soll, und ein Zweifel ob denn wirklich dem Kochsalz
die hervorragendste Rolle bei der Wirkung unserer Soolquellen eingeräumt werden darf, scheint nicht ganz unge-
rechtfertigt. —

In der Brunnensoole in zweiter Reihe, in der Mutterlauge dagegen an erster Stelle steht das Chlorcalcium.
Ueber seine physiologischen Wirkungen und die Veränderungen, die es im Körper erleidet, wissen wir noch weniger
als es beim Kochsalz der Fall ist. Während das Chlornatrium wahrscheinlich fast ganz unzersetzt in das Blut
und aus dem Blut in den Harn übergeht, also überall
(mit Ausnahme seines etwaigen Antheils an der Salzsäure-
bildung im Magen) nur durch den Contakt wirkt, gelangt
das Chlorcalcium schwerlich ohne Zersetzung in das Blut,
indem die im Darmkanal enthaltenen und dort an andere
Basen gebundenen Säuren (Schwefelsäure, Phosphorsäure,
Kohlensäure) sich zum Theil des Kalkes bemächtigen und
das Chlor frei machen werden. Seine pharmakodynamischen Wirkungen sind jedenfalls intensiver als die des
Chlornatriums, indem schon nach Gaben von 2—3 Grammen Ekel, Erbrechen und tumultuarischer Durchfall mit
Sinken des Pulses erfolgte. Albuminhaltige Flüssigkeiten

coagulirt es, auf die Nervenfasern wirkt es entschieden als
Reizmittel.

Als Arzneimittel ist es in Deutschland wenig bekannt,
oder vielmehr obsolet, jedoch sowohl früher in Deutschland (Heineken), als noch in neuerer Zeit besonders in
Frankreich und England wiederholt als Antiscrophulosum
angewandt und empfohlen. Bazin*) empfiehlt es besonders bei Scrophulose der Schleimhäute (2 gramme pro die)
bei Blepharitis ciliaris, Coryza scrophulosa, Impetigo der
Nasenschleimhaut, ebenso Odier in noch grössern Gaben.
Von englischen Aerzten wird es ebenfalls obwohl nicht
allgemein bei Scrophulose und gegen Unterleibs-Tumoren
angewandt. Dem Verfasser ist sogar ein Fall bekannt, in
dem ein berühmter englischer Frauenarzt einer mit einer
Ovarial-Geschwulst behafteten Dame den Gebrauch von
Kreuznach abrieth, ihr dagegen Chlorcalcium innerlich
verordnete. Andere, z. B. Cooper gaben es, allerdings
ohne grossen Erfolg, ebenfalls gegen Scrophulose. Sind somit die mit Chlorcalcium gemachten Heilversuche auch
noch sehr unvollständig, so dass wir etwas Sicheres über
seine Wirkung und den Antheil, den es bei der Wirkung
unserer Soole hat, zur Zeit noch nicht wissen, so leitet
doch, wie wir sehen werden, Manches darauf hin, demselben
in unseren Quellen einen hervorragenden Platz, wenn nicht
den ersten einzuräumen, und es nicht allein als Adjuvans
des Chlornatriums und in seiner balneotherapeutischen
Wirkung als identisch mit demselben anzusehen.

Was die übrigen Chlorverbindungen anbetrifft, so

---

*) Leçons theoriques et cliniques sur la scrophule.

können wir dieselben ihrer geringen Quantität und mit den
vorigen analogen Wirkung wegen wohl unberücksichtigt lassen.
Dies gilt auch unseres Erachtens vom Chlorlithium,
obgleich seit einiger Zeit, besonders seit die Analyse von
Bunsen in der Mutterlauge von Theodorshalle sehr viel be-
deutendere Menge Chlorlithium nachwies als die früheren
Analysen ergeben hatten, auf die Wichtigkeit des Lithiums
in unserer Quelle von verschiedenen Seiten hingedeutet ist.
Denn selbst wenn der Bunsen'schen Analyse nicht, wie
die enorme Abweichung von allen andern Analysen auch
in der Summe der festen Bestandtheile beinahe vermuthen
lässt, eine Mutterlauge von ganz abnormer und zufäl-
liger Zusammensetzung zu Grunde gelegen haben sollte, so
ist doch selbst die Quantität von 145 in 10,000 Theilen
in der Mutterlauge für die Badewirkung durchaus ohne Bedeutung, und auch die Gegenwart von 0,5 Theilen in der
Soole (ungefähr $\frac{1}{3}$ Gran in 16 Unzen) aus der Bunsen'schen
Mutterlaugen-Analyse berechnet, würde wohl schwerlich für
Einen, der nicht in der geheimnissvollen Mischung minimaler Dosen die specifische Heilwirkung eines Bades sucht,
ins Gewicht fallen. Die Indikationen einer Quelle durch
Heranziehen eines absolut und relativ in so geringer Menge
vorhandenen Bestandtheils in seiner Wirkungssphäre ins
Unbestimmte zu erweitern und zu kompliciren, heisst unseres Erachtens dem Bade einen sehr zweifelhaften Dienst
erweisen. Werfen wir desshalb zum Besten unseres Bades
das Lithium getrost über Bord und lassen wir demselben
das in einer noch viel entfernteren Dezimal-Stelle ebenfalls
vorhandene Jod folgen. Es bleibt dann noch das Brom,
welches in der Quelle mit 0,8 in der Mutterlauge mit

85,0 Theilen vertreten ist. Früher hielt man es auf Grund
ganz abenteuerlicher Analysen bekanntlich für den in der
Mutterlauge hervorragendsten Bestandtheil und stellte es
geradezu an den Platz, den jetzt das Chlorcalcium einnimmt.
Aber obgleich jener Bromschwindel längst aufgedeckt und
siegreich zurückgewiesen ist, und durch spätere exactere
Analysen dem Brom ein bescheidenerer Platz unter den
Bestandtheilen unserer Quelle angewiesen ist, so gilt unser
Bad doch noch immer auch bei dem ärztlichen Publikum
als ein wesentlich bromhaltiges, das gerade diesem Bestandtheil seine vor anderen Soolquellen hervorragende Wirkung
verdankt. Es stehen dieser Anschauung aber sehr erhebliche Bedenken entgegen. Sind auch über das Brom als
eines der allerjüngsten Bereicherungen unseres Heilschatzes
die Akten noch lange nicht geschlossen, sowohl in Bezug auf
seine Normalnosis als auf seine physiologischen und pharmakodynamischen Wirkungen, so lehren doch die bisher
gewonnenen Erfahrungen soviel, dass einmal $\frac{1}{2}$ Gr. eine
durchaus zu niedrig gegriffene Dosis ist, und zweitens, dass
die Heilwirkung des Brom in einer ganz anderen Richtung
liegt als die Wirkungen unserer Quelle. Es scheint demselben
nämlich durchaus keine antiscrophulose Wirkung zuzukom-
men; dagegen stimmen die meisten, besonders französische
Beobachter darin überein, ihm eine die Sensibilität besonders in gewissen Nervengebieten herabstimmende Wirkung
zuzuerkennen. Erwägen wir ferner, dass das Brom in anderen
Soolbädern (Wittekind, Elmen) in viel grösserer Menge
vorkommt, ohne dass dieselben desshalb eine grössere Wirksamkeit für sich in Anspruch nehmen können, so wird
uns wohl kaum etwas Anderes übrig bleiben, als auch auf

die Betonung des Brom als eines hervorragenden Bestand-
theiles unserer Quelle und damit freilich auch auf einen
gewissen geheimnissvollen Reiz, den dieser noch immer
dem Publikum wenig bekannte Körper auf die Einbil-
dungskraft ausübt, zu verzichten, ohne die Möglichkeit
läugnen zu wollen, dass das Brom, ebenso wie die anderen
erst in zweiter oder dritter Reihe in Betracht kommenden
Bestandtheile, als Adjuvans bei den Heilwirkungen unserer
Quelle sich betheiligen könne. —

Fassen wir das bisher über die einzelnen Bestandtheile Gesagte zusammen, so möchte Folgendes das Resultat dieser Betrachtungen sein:

1) Die Haloid-Salze überwiegen in unserer Quelle
alle anderen Bestandtheile in solcher Weise (100:2), dass
die letzteren vollständig ignorirt werden dürfen.

2) Unter diesen überwiegen wieder das Chlornatrium
und Chlorcalcium so sehr, dass man berechtigt ist, auf
diese vorzugsweise die Heilwirkung zurückzuführen, während
das Lithium und Brom, welche in zweiter Reihe in Betracht
kommen, sowohl wegen ihrer zu geringen absoluten und
relativen Menge als auch wegen ihrer in ganz anderer
Richtung liegenden pharmakologischen Wirkung, vorläufig
bis auf weitere Untersuchungen ebenfalls zu vernachlässigen,
oder wenigstens nur als Adjuvantien der Hauptmittel zu
betrachten sind.

3) Von den beiden Hauptbestandtheilen überwiegt
in der natürlichen Soole das Chlornatrium bei Weitem,
in der Mutterlauge dagegen das Chlorcalcium so sehr, dass
es bei einigermassen starkem Zusatz zu den Bädern dem
Kochsalz auch quantitativ das Gleichgewicht hält. Da

nun die Normaldosis des Chlorcalciums eine viel kleinere ist als die des Kochsalzes und es in unsrer Quelle mindestens mit dem gleichen, wenn nicht einem grössern pharmakologischen Aequivalent (Phoebus) auftritt als jenes, da ferner die Anwendung des Chlorcalciums in der Medizin, obgleich wenig mehr üblich, ganz in das Heilgebiet unsrer Quellen fällt, so können wir mit ziemlicher Sicherheit dem Chlorcalcium eine dem Kochsalz mindestens ebenbürtige Stelle unter den Bestandtheilen unsrer Quelle zuweisen.

4) Der gänzliche Mangel an schwefelsauren Salzen charakterisirt unsere Quellen vor beinahe allen andern Soolquellen und ist als ein besonderer Vorzug zu betrachten.

IV. Anwendungsformen der Soolquellen. Wirkungsweise. Gebrauch.

1. Die Trinkkur.

Die Möglichkeit, unsere Quellen auch innerlich anwenden zu können und dadurch die Wirkung der Kur wesentlich zu erhöhen, ist ein wichtiger Vorzug derselben vor vielen anderen Soolwässern. Sie beruht, wie wir gesehen haben, ausser auf der Abwesenheit der schwerverdaulichen schwefelsauren Salze, auf dem sehr günstigen Verhältniss der beiden Hauptbestandtheile, welche beide in einer für eine energische Wirkung eben noch genügenden und doch für den Geschmack und die Verdaulichkeit auch nicht zu grossen Quantität darin enthalten sind.

Die mittlere Dosis unseres Brunnens beträgt für Erwachsene etwa 25 Unzen, für Kinder je nach dem Alter, 8 bis 16 Unzen. Eine erhebliche Ueberschreitung dieser Dosis, besonders wenn das Wasser schnell hintereinander einverleibt wird, bewirkt leicht Druck und Völle im Magen, Aufstossen und schliesslich Diarrhoe, letztere wahrscheinlich eher die Wirkung der zu starken Dosis des Chlorcalcium als des Kochsalzes, dessen Dosis auch bei schon grossen Quantitäten des Brunnens (30 — 40 Unzen) noch keine übergrosse ist. Der Geschmack des Wassers, der durch die lauwarme Temperatur unseres Brunnens gemildert wird, ist leicht salzig, mit einem schwach bitterlichen von dem Chlorcalcium und Chlormagnesium herrührenden Beigeschmack und erregt nur sehr selten und fast nur bei Kindern anfangs Widerwillen. In mittleren Gaben genommen wirkt das Wasser anregend auf Appetit und Verdauung durch vermehrte Absonderung der Schleimhaut des Digestionstractus. Der Stuhlgang, der anfangs bei manchen Patienten etwas verlangsamt ist, regelt sich meist sehr bald, und nur sehr selten, bei grosser Verdauungsschwäche tritt schon bei mässigen Gaben stürmische Diarrhoe ein, welche dann eine entsprechende Verringerung der Dosis anzeigt. Denn so wünschenswerth und wichtig bei dem inneren Gebrauch des Soolwassers ein geregelter und eher beschleunigter als retardirter Stuhlgang ist, so würde doch eine direkt abführende Wirkung des Wassers, wie sie die meisten Laien als durchaus erforderlich für eine erspriessliche Kur halten, gerade einen dem beabsichtigten entgegengesetzten Effekt haben, indem das Soolwasser anstatt aufgesogen und in die Blutmasse übergeführt zu werden, sogleich wieder entfernt werden würde.

Die weiteren Wirkungen bei innerlichem Gebrauch des Soolwassers, soweit sie durch das physiologische Experiment festgestellt werden konnten, sind besonders Vermehrung der Nierensekretion und der Harnstoff- und Kochsalzausscheidung, und, da wir die Letzteren als Maass

der Stoffmetamorphose im thierischen Körper betrachten
können, Steigerung des Stoffumsatzes überhaupt. Bekanntlich tritt auch nach bloss vermehrtem Wassergenuss eine
Vermehrung des Urin- und damit zugleich auch der Harn-
stoffausscheidung ein; jedoch ist durch die Versuche verschiedener Beobachter constatirt, dass die Vermehrung des
Harnstoffs nach Genuss von Soolwässern grösser als die
nach blos vermehrtem Wassergenuss beobachtete ist. Ob
diese Wirkung allein auf den Kochsalzgehalt, von dem sie
experimentell bewiesen ist, kommt, oder ob auch das Chlorcalcium daran Theil nimmt, ist noch nicht durch physiologische Versuche erwiesen. —

    Geht nun aus diesen Thatsachen zunächst eine
Steigerung der rückbildenden Stoffmetamorphose durch
den Genuss unseres Soolwassers hervor, so wird andrerseits durch die Steigerung der Esslust und Nahrungszu-
fuhr, sowie durch die energische Anregung der resorbirenden Thätigkeit des Gefässsystems auch der anbildende
Prozess eingeleitet und gefördert. Das Resultat im Ganzen
ist also ein erhöhter Stoffumsatz. Der Schluss von diesem
physiologischen auf den therapeutischen Effekt liegt nahe:
Durch gleichzeitige Anregung des rückbildenden wie des
anbildenden Stoffwechsels wird die allgemeine Ernährung
gehoben und die Resorbtion krankhafter Ablagerungen im
Körper befördert. —

    Das Wasser wird gewöhnlich des Morgens nüchtern in
Dosen von 3 — 6 Unzen getrunken, und es ist diese Methode,
wenn auch nicht absolut erforderlich, wegen der leichteren
und schnelleren Resorbtion im Magen und Darm dem Trinken
nach dem Frühstück meist vorzuziehen. Eine lebhafte

Promenade von ½ bis 1 Stunde ist Patienten, deren Kräfte und deren Leidenzustand es erlauben, jedenfalls anzurathen, sowohl wegen der allgemeinen hygieinischen Wirkung einer starken Körperbewegung als auch weil die Verdauung des Brunnens dadurch befördert wird. Man beginnt am ersten Tage die Kur meist mit einer kleinen Dosis und steigt erst allmählich bis zu dem Maximum. Es ist dies trotz der im Ganzen milden Wirkung unseres Wassers eine sehr anzurathende Vorsicht, damit man nicht in den Fall komme, durch eine anfangs zu stark gegriffene Dosis die Verdauung des Patienten von vornherein zu stören. —

Zusätze von warmer Milch etc., wie sie vielfach üblich sind, sollten am Besten ganz vermieden werden; weder für den Geschmack noch für die Verdaulichkeit noch in irgend einer andern Beziehung dürfte ein solches wenig anmuthendes Gemisch einen wesentlichen Vortheil, immer dagegen den Nachtheil bieten, dass es dabei zur Einführung der verordneten Quantität Soole einer unverhältnissmässigen Menge Flüssigkeit bedarf. Dagegen dürfte sich für Solche, denen das bekanntlich fast ganz kohlensäurefreie Wasser zu schwer verdaulich ist, die künstliche Imprägnation desselben mit Kohlensäure wohl empfehlen.

2. Die Badekur.

Wie bei dem inneren Gebrauch der Quelle von dem allen Mineralquellen gemeinsamen Lösungsmittel ihrer festen Bestandtheile, dem Wasser, so sehen wir bei der Besprechung der Bäder und ihrer Wirkung von den allen Bädern gemeinsamen physologischen und therapeutischen Wirkungen ab, welche das reine Wasserbad und die verschiedenen Temperaturgrade, die wir beliebig reguliren können, ausüben, und besprechen hier nur die Wirkungen, welche erfahrungsgemäss den Soolbädern vorzugsweise zukommen.

Wollen wir, ehe wir uns zu den hierüber vorliegenden Erfahrungen und Beobachtungen wenden, uns zunächst die Theorie der Wirkung der Sool- und Mutterlaugen-Bäder klar zu machen suchen, so stossen wir hier sogleich auf eine grosse Schwierigkeit, welche uns zeigt, wie dunkel dies ganze Gebiet noch ist und wie wenig die Balneologie zur Zeit schon Anspruch auf den Namen einer exacten medicinischen Disciplin machen kann. Denn wenn wir bei der Untersuchung der physiologisch und pharmakodynamischen Wirkungen beim innern Gebrauch der Soole doch wenigstens einen bestimmten Effekt der örtlichen Einwirkung auf die Schleimhaut des Digestions-Tractus, die Aufnahme der Bestandtheile in die Säftemasse des Körpers und die Ausscheidung derselben durch die Ex- und Secre-

3

tionsorgane constatiren konnten, obwohl uns noch immer eine unbekannte Reihe von Zwischengliedern zwischen Aufnahme und Ausscheidung fehlte, so kennen wir von den Vorgängen, die bei der Anwendung des Soolwassers als Bad stattfinden, absolut nichts als gewisse physiologische und therapeutische Endwirkungen derselben.

Es tritt hier vor allen die Frage an uns heran, wie die specifisch verschiedene Wirkung chemisch verschiedener Bäder zu Stande kommt, und ob eine solche überhaupt anzunehmen sei, und wenn wir auch der Lösung dieser Fragen durch blosse theoretisch-kritische Betrachtungen nicht näher rücken, so ist es doch immerhin wichtig, uns über den gegenwärtigen Stand derselben zu unterrichten, und zu untersuchen, welche Auffassung, Theorie und Erfahrung uns als die plausibelere erscheinen lassen.

Die Frage, ob überhaupt eine qualitativ verschiedene Wirkung chemisch verschieden constituirter Bäder anzunehmen sei, dürfte wohl an der Hand der Erfahrung ohne Weiteres zu bejahen sein, wenn wir nicht unsre ganzen doch eben auf die Erfahrung aufgerichteten balneologischen Grundsätze über den Haufen werfen wollen. Es bleibt also nur die Frage, wie diese specifische Wirkung zu Stande kommt? Es gibt hier nur zwei Möglichkeiten: Entweder die festen Bestandtheile des Bades werden mit ihrem Lösungsmittel, dem Wasser, durch die Haut resorbirt, oder sie üben nur durch den Contact auf die Hautnerven einen gewissen Reiz aus, der dann je nach ihrer chemischen Natur ein verschiedener sein muss und auf dem Wege des Reflexes die weitern physiologischen Effekte vermittelt.

Die erste Wirkung, die ohne Weiteres plausibel erscheint, ist so lange allgemein und als selbstverständlich angenommen worden, bis ihre experimentelle Prüfung sie zum grossen Erstaunen Aller plötzlich in Frage zu stellen oder vielmehr geradezu zu verneinen schien. Seitdem sind unzählige Versuche speciell zur Entscheidung dieser wichtigen Cardinalfrage angestellt worden, die alle eine definitive Beantwortung derselben nicht erzielt haben. Die meisten Versuche sind negativ ausgefallen, d. h. haben eine Aufsaugung der festen Badebestandtheile durch die äussere Haut verneint. Indessen muss man nicht vergessen, dass bei dergleichen Versuchen, wenn sie nicht in exactester Weise und mit möglichster Vermeidung der sehr nahe liegenden Fehlerquellen angestellt sind und nicht ganz einstimmige Resultate ergeben, negative Ergebnisse von weniger zwingender Beweiskraft sind und durch ein einziges positives Resultat wieder umgestossen werden können. Und in der That sind bei unserer Frage die negativen Resultate weder so einstimmig, noch konnten die Versuche meistens nach so exacten Methoden angestellt werden, dass dieselben für die definitive Beantwortung der Frage bereits als entscheidend angesehen werden können. Man muss nicht vergessen, dass es sich bei den Bestandtheilen eines Mineralbades fast immer um Stoffe handelt, die im menschlichen Körper bereits vorhanden sind, so dass eine geringe Vermehrung derselben durch Aufsaugung im Bade sehr schwer chemisch nachzuweisen sein dürfte. Wie soll man z. B. die Vermehrung des Chlor-Gehalts im Körper durch Aufsaugung in einem kochsalzhaltigen Bade chemisch nachweisen, während doch die möglicher Weise im Bade aufgenommene Menge des Chlor nur verschwindend

3*

klein gegen die im normalen menschlichen Körper enthaltene
sein kann? Oder wenn man nach Kochsalzbädern vermehrte
Chlor-Ausscheidung findet (K. Hoffmann), mit welchem Recht
kann man daraus auf eine Aufsaugung des Chlor aus dem
Bade schliessen, da dies ebensowohl eine andere physiologische Wirkung des Bades sein kann, die von dessen Chlor-
Gehalt ganz unabhängig ist? Es lassen uns hier, so lange
wir uns zu den Versuchen chemisch indifferenter Substanzen
bedienen, offenbar positive wie negative Resultate im Stich.
Ein wirkliches und endgültiges Resultat werden wir nur
von denjenigen Versuchen erwarten können, welche mit
differenten d. h. im menschlichen Körper normal nicht vorkommenden und chemisch leicht nachweisbaren Substanzen
angestellt worden sind, wie z. B. mit Jodkalium, Sublimat
etc. Werfen wir einen flüchtigen Blick auf solche in neu-
ester Zeit sehr zahlreich angestellte Versuche, so begegnen
wir zwar auch hier keineswegs einstimmigen Resultaten,
aber doch auch entschieden positiven. D e m a r q u a y [1])
fand bei 30 Jodkalium-Bädern nur achtmal im Harn und
Speichel eine schwache Jodreaction. R o u s s i n [2]) fand in
einer sehr langen Versuchsreihe constant, dass das Jodkali
des Bades nur dann durch die äussere Haut resorbirt wurde,
wenn sie nach dem Bade nicht abgetrocknet wurde,
niemals aber Spuren davon nach sorgfältiger Abtrocknung.
D e l o r e schloss aus 138 mit aller Vorsicht angestellten
Versuchen, dass die gesunde menschliche Haut alle im
Wasser gelösten Bestadtheile zu absorbiren vermag, dass
aber die Resorption sehr langsam und schwierig vor sich

---

[1]) Union medicale 1867.
[2]) Rec. des Mern. de Medic. Fwo. 1867.

gehe. Parisot[3]) konnte nach selbst zweistündigen Bädern mit Jodkali, Kaliumeisencyanür etc. niemals Spuren dieser Substanzen im Harn und Speichel entdecken, während wieder Reveil unter 10 Malen dreimal Spuren von Jod im Harn nachwies. Am entschiedensten für die Resorption durch die Haut sprechen die Versuche von K. Hoffman n[4]). Derselbe nahm unter andern 45 Tage hindurch jeden dritten Tag ein Bad mit 50 Grammen Jodkali. Vom fünften Bad an fand er das Jod mühelos im Urin, und dieser Befund dauerte noch 12 Tage nach dem letzten Bade fort. Er schliesst daraus, dass die im Wasser gelössten Stoffe langsam aber unbestreitbar durch die äussere Haut in den Organismus gelangen, und dass erst, nachdem das Blut mit ihnen gesättigt ist, der Körper sie wieder ausscheide. Die bisher erlangten so widersprechenden Resultate erklären sich nach ihm aus dem Umstand, dass die betreffenden Versuche nicht lange genug fortgesetzt seien.

Scheint nach diesen Versuchen die Thatsache der Resorption der Badebestandtheile durch die äussere Haut auch festgestellt, so ist freilich damit noch nicht bewiesen, dass die Bestandtheile des Bades auch in einer für eine Heilwirkung genügenden Menge aufgenommen werden, und wir müssen immerhin bekennen, dass auch durch die positiven Resultate wenn wir dieselben auch für ganz unanfechtbar halten, die Frage doch noch nicht endgültig entschieden ist

Es ist nun die Frage, ob uns die Annahme der

3) Bulletin l'Institut 1867.
4) Ebendaselbst.

zweiten Alternative eine plausibelere Erklärung für die Wirkungen der Mineralbäder an die Hand giebt? Hier aber stehen wir ganz rathlos! Es soll hiernach nämlich der Contakt, der auf die Hautnerven wirkende Reiz chemisch verschiedener Stoffe (Kochsalz, kohlensaures Natron, Eisen, Kohlensäure) auch specifisch ganz verschiedene physiologische Vorgänge und Veränderungen im Organismus hervorrufen, während die Physiologie der Nerven uns doch im Gegentheil lehrt, dass zwar ein und derselbe Reiz in verschiedenartigen Nerven sehr verschiedene Empfindungen erregt (z. B. der elektrische Strom im Sehnerv Lichtempfindung, in dem Geruchsnerv Geruchsempfindung etc.), und ferner, dass die Stärke der Erregung im Ganzen mit der Stärke des Reizes wächst, dass aber in einem und demselben Nerven die allerverschiedensten Erregungsmittel meist dieselbe Art der Empfindung auslösen, so dass z. B. der Sehnerv immer mit Lichtempfindung reagirt, mag er nun durch Licht, Elektricität oder mechanische Zerrung gereizt werden.

Wie mit diesen physiologischen Thatsachen die Annahme zu vereinigen sein soll, dass bloss chemisch verschiedene Reize wie sie die Bestandtheile der verschiednen Bäder bieten eine so specifisch verschiedene physiologische und pharmakodynamische Wirkung ausüben, scheint ganz unerklärlich, und wir ziehen es, so lange die Contact-Wirkung nicht besser erklärt ist', um so mehr vor, die Wirkung der Bäder durch einfache Resorption ihrer Bestandtheile zu erklären, als es ausserdem auch eine physiologische, oder vielmehr physikalische Forderung zu sein scheint, dass in zwei durch thierische Membranen getrennten

Salzlösungen verschiedener Concentration (Blut und Soolwasser) ein ausgleichender Diffusionsstrom stattfinde.

Die Anwendung der Soolbäder geschieht in weitaus
der Mehrzahl der Fälle in einer Temperatur, die wir als
lauwarm bezeichnen (24—28⁰ R.), d. h. einer Temperatur,
die nicht als solche durch Hitze oder Kälte als Reiz zu
wirken bestimmt ist, sondern indifferent ist, und wir haben
solche Bäder mit indifferenter Temperatur im Auge, wenn
wir im Folgenden von den Wirkungen der Soolbäder
sprechen. — Diese Wirkungen werden sich natürlich verschieden äussern, je nachdem man einfaches Soolwasser
gebraucht oder dasselbe durch Mutterlauge oder gradirte
Soole verstärkt, doch ist die Wirkung verstärkter Bäder
eben nur eine gesteigerte, nicht qualitativ verschiedene.
Das einfache Soolbad übt für das subjective Gefühl meist
keinen merklichen Reiz auf die Haut aus, und auch objectiv
lässt keine erhöhte Puls- und Athemfrequenz auf einen
abnormen Hautreiz schliessen. Bei mehr kühlen Bädern
(24—26⁰) will man sogar eine Verlangsamung der Cir-
culation und Respiration bemerkt haben. Da man von
vornherein keine bestimmten Anhaltspunkte für die jedem
Individuum angemessene Temperatur (d. h. die Temperatur,
welche indifferent für dasselbe ist) hat, so muss man, wenn
man eben nicht besondere Gründe hat, eine sehr hohe
oder sehr niedrige Temperatur anzuwenden, die Wirkung
des Bades auf den Organismus als Richtschnur für die
Bestimmung der Temperatur, die immerhin von grosser
Wichtigkeit ist, nehmen. Beschleunigung der Puls- und
Athemfrequenz, Blutandrang nach dem Kopfe, Schwindel

etc. werden uns anzeigen, dass wir die Temperatur zu hoch gegriffen haben; andauerndes Kältegefühl, Beklemmung, Sinken der Puls- und Athemfrequenz bedeuten umgekehrt eine zu niedrige Temperatur. Im Allgemeinen sind die Zeichen der Aufregung mehr zu fürchten als die einer gelinden Depression und man wird daher gut thun, die Temperatur knapp an der Grenze zu halten, wo das Frostgefühl beginnt. Ist die Temperatur richtig gegriffen, so durchströmt den Badenden sehr bald ein Gefühl des Behagens und der Erleichterung, das von dem, welches ein einfaches Wasserbad erweckt, nicht verschieden ist. Den vermehrten Urindrang, der sehr bald sich im Bade bemerkbar macht, hat man wohl als ein specifisches Symptom der Soolbäder betrachten wollen, indessen ist derselbe wohl eher auf Rechnung der abgeschnittenen Hautausdünstung zu setzen. Auch ein bestimmter Einfluss der Soolbäder auf die Menge der festen Bestandtheile im Harn scheint noch nichts weniger als nachgewiesen. Einige Beobachter wollen eine Abnahme der Phosphate und des Harnstoffs gefunden haben, und die Bestätigung dieser Beobachtung würde eine Ver-langsamung des Stoffwechsels zu beweisen scheinen. Dagegen haben die meisten Untorsuchungen (Lehmann Benecke) eine Vermehrung der festen Bestandtheile und besonders des Harnstoffs und Chlornatriums nachgewiesen, was denn auch wohl mit der Endwirkung einer Soolbäderkur besser zu stimmen scheint. Damit stimmt denn auch überein, dass schon nach wenigen Bädern die Esslust erheblich gesteigert erscheint.

Die Respiration der Haut wird zwar während des Bades selbst zurückgehalten, nachher aber, sowohl durch die Erweichung und Abspülung der Epidermis, als auch durch den Reiz des Soolwassers auf die Gefässe und Nerven der Haut, die Hautthätigkeit gesteigert. Ein Gefühl von Leichtigkeit, Geschmeidigkeit und Wohlbehagen pflegt der sujective Ausdruck dieser Wirkung des Soolbades auf die Hautthätigkeit zu sein. Während ferner warme Bäder sonst die Empfindlichkeit der Haut gegen die erkältenden Einflüsse der Luft zu steigern pflegen, üben die Soolbäder im Gegentheil eine abhärtende Wirkung auf dieselbe aus. Es ist dieses eine interessante und sehr charakteristische Erscheinung, welche auf eine kräftige Reaction des Organismus auf den Reiz, welchen die Soolbäder auf die Haut ausüben, schliessen lässt. — Zuweilen, und manchmal schon nach wenigen und schwachen Soolbädern, manchmal erst nach längerem Gebrauch der Bäder mit starken Zusätzen von Mutterlauge oder gradirter Soole, reagirt die äussere Haut auf die reizende Einwirkung der Soole durch die Eruption eines papulösen oder selbst pustulösen Hautausschlags, dem früher wohl vielfach als kritischem Badeausschlag eine besondere Wichtigkeit beigelegt worden ist. Dass er eine solche schwerlich besitzt, geht schon zur Genüge daraus hervor, dass er bei reizbarer Haut oft schon nach wenigen Bädern hervortritt, bei unempfindlicher Haut aber selbst nach den stärksten Zusätzen zuweilen ausbleibt. Immerhin wird man das Auftreten desselben als ein Zeichen, dass die Grenzen der beabsichtigten Hautreizung erreicht sind, betrachten und von weiterer Verstärkung des Bades vorläufig Abstand nehmen müssen. — Zuweilen, jedoch durchaus nicht immer oder selbst nur in der Mehrzahl der Fälle, tritt nach einer Reihe von Bädern ein Zustand ein, den man mit Recht als Stättigung des Organismus mit Bädern bezeichnet hat. Derselbe äussert sich durch ein Gefühl allgemeinen Unbehagens, Widerwillen gegen das Bad, Frostgefühl im Bade, Eingenommenheit des Kopfes, Appetitlosigkeit und selbst geringe Fieberbewegung; Symptome, welche man auch beobachtet, wo mit der Badekur keine Trinkkur verbunden war, und die man daher unzweifelhaft als Wirkung der Ersteren anzusehen hat. — Eine Verstärkung der Bäder, sei es durch Mutterlauge oder durch gradirte Soole hat nicht nothwendigerweise eine verhältnissmässige Erhöhung der sichtbaren Wirkungen zur Folge, vielmehr erträgt der Körper oft bedeutende Zusätze ohne vermehrte Reaction, während zuweilen ganz geringe Zusätze von Mutterlauge ja selbst das reine Soolbad so bedeutende Reactions-Erscheinungen hervorrufen, dass wir zur Verdünnung des Bades schreiten müssen.

Wichtig wäre natürlich die Frage, ob ein specifischer Unterschied stattfindet, zwischen der Wirkung der gradirten Soole und der der gewöhnlich angewandten Mutterlauge. Soweit die Erfahrungen hier reichen (die gradirte Soole wird nur selten angewandt) übt die Erstere einen stärkeren örtlichen Reiz auf die Haut aus, der wohl in manchen Fällen zu stark sein und die Anwendung derselben bei sensibler Haut und in den meisten Hautkrankheiten ausschliessen dürfte.

Schliesslich sei noch hervorgehoben, dass örtliche Affectionen wie Drüsengeschwülste, Exantheme etc. sehr häufig nach dem Gebrauch einer Anzahl Bäder sich scheinbar vergrössern und verschlimmern, und dass erst darnach, sei es schon während der Kur oder erst später, Heilung oder Besserung eintritt. Es ist dies eine Erscheinung, welche den Patienten ebenso zu beunruhigen pflegt als sie dem Arzt willkommen ist, denn sie zeigt, dass in den krankhaften Ablagerungen sich eine erhöhte Lebensenergie bemerkbar macht, welche schliesslich zu dem beabsichtigten Zweck der schnelleren Resorption führt.

3. Oertliche Anwendung der Kurmittel.

Neben der Trinkkur und den Bädern findet die örtliche Application der Soole und ihrer Verstärkungsmittel eine sehr ausgedehnte und wichtige Anwendung, sei es in Form von Umschlägen, Waschungen oder Local-Bädern, welche auf die äussere Haut, sei es als Einspritzungen, welche auf die Schleimhäute applicirt werden. Sie dienen als sehr wesentliche Unterstützungen unserer Kur, und von Anfang an haben die Kreuznacher Aerzte auf die Wichtigkeit ihrer Anwendung hingewiesen. Ihre Wirkung ist entschieden eine zweifache: Einmal wirken sie nämlich als energische äussere Hautreize, die man viel dauernder appliciren kann als die allgemeinen Bäder, dann aber dürfen wir für sie, — wenigstens da, wo wir sie auf Schleimhäute appliciren — entschieden und ohne Widerspruch eine Resorption ihrer festen Bestandtheile annehmen. Alle dahin zielenden Versuche bestätigen diese durch die Textur und physikalische Beschaffenheit der Schleimhäute von vorneherein sehr wahrscheinliche Annahme, während andererseits ihre Wirkung als mächtiger Reiz auf die äussere Haut sowohl durch das subjective Gefühl als auch durch die objectiven Reaktionserscheinungen, die sie hervorrufen, ohne weiteres bewiesen wird. Je nach der Stärke der

Zusätze oder der Empfindlichkeit der Haut rufen sie früher oder später Hautröthe, Brennen und endlich Eruptionen von Exanthemen auf die äussere Haut hervor, während sie auf die Schleimhäute applicirt, die eigenthümlichen Erscheinungen, mit welchen diese auf Reize zu reagiren pflegen, veranlassen. Ihre Anwendung, besonderes auf die Schleimhäute, verlangt natürlich besondere Vorsicht und Ueberwachung, um nicht über dass beabsichtigte Mass des Reizes hinaus zu geben. Im Uebrigen aber versteht es sich von selbst, dass wir ihre Application überall da versuchen, wo die localen Verhältnisse es erfordern und erlauben, und dass wir, so weit irgend möglich alle krankhaft afficirten Regionen und Höhlen des Körpers mit unseren Kurmitteln in unmittelbare Berührung zu bringen suchen. So roh empirisch ein solches Verfahren auch erscheinen mag, so rechtfertigen die Erfahrungen und Erfolge es doch vollkommen.

4. Inhalation der Soole.

Wir haben oben gesehen, dass die Atmosphäre an
den Gradirwerken ähnlich wie die Luft am Meeresstrande
mit kleinen darin suspendirten Salztheilchen geschwängert
ist, welche sich auch für das subjective Gefühl durch den
eigenthümlichen Geruch bemerklich machen. Diese Analogie erstreckt sich auch auf die nächsten Wirkungen beider, indem hier wie dort die erfrischende, anregende Luft
zu tiefern Inspirationen auffordert und schon hierdurch einen
wohlthätigen Einfluss auf den Stoffwechsel, sowie auch
auf die Kräftigung resp. Ausbildung der Respirationsmus-
keln und somit der Lungen selbst ausübt. Ausserdem
üben natürlich aber auch die eingeathmeten Salztheilchen,
wenn ihrer auch nur wenig bis in die Lungen gelangen
mögen, eine directe Wirkung auf die Bronchialschleimhaut
aus, welche in vermehrter Absonderung der Bronchien und
leichtern Lösung und Expectoration derselben besteht. Dass
bei der Anwendung des Soolwassers in dieser Form die
Indicationen noch vorsichtiger zu prüfen sind als bei der
vorhin besprochenen örtlichen Anwendung der Soole und
Mutterlauge, und dass sie bei grosser Reizbarkeit der
Bronchialschleimhaut, Neigung zu Hyperämie derselben und
gang besonders bei beginnender Tuberculose streng aus-

geschlossen ist, bedarf kaum einer Andeutung. Ihre berechtigste und erfolgreichste Anwendung findet diese Form der Applikation bei dem chronischen, nicht entzündlichen trockenen Katarrh der feinern Bronchien, wie er besonders häufig bei Kindern mit scrofuloser Anschwellung der Bronchialdrüsen vorkommt.

Schliesslich wird auch die allgemeine Wirkung der Inhalation der Soole nicht ganz gering angeschlagen werden dürfen, indem dadurch immerhin Gelegenheit zur Aufnahme der Soolbestaudtheile in den Organismus und zwar direkt durch die Lungen ins Blut gegeben wird.

Die Einathmung künstlich zerstäubter Soole durch die verschiedenen zu diesem Zweck construirten Apparate ist natürlich nur eine Modification der eben besprochenen Form der Anwendung und nur dadurch von derselben verschieden, dass sie gewissermaassen concentrirter wirkt, und dass dabei gleichzeitig mehr Wasserdampf den Lungen zugeführt wird.

V. Die Indicationen.

Wie wir schon sahen, sind die physiologischen und pharmakodynamischen Wirkungen der Hauptbestandtheile unserer Quellen noch keineswegs so gründlich erforscht, dass wir daraus etwa die speciellen Indicationen für den Gebrauch derselben mit Sicherheit und Präcision herzuleiten vermöchten. Es ist das überhaupt noch ein pium desiderium unserer ganzen Disciplin, in der es trotz aller angestellten physiologischen und pharmakologischen Versuche noch immer möglich ist, dass z. B. 2 Quellen von so analoger Zusammensetzung wie Kreuznach und Homburg in Bezug auf ihre erfahrungsgemässe therapeutische Wirkungssphäre so weit auseinander liegen, und in der, wie zahlreiche Analysen lehren, die Lehre von den grossen Wirkungen kleiner und kleinster Ursachen noch durchaus kein überwundener Standpunkt ist.

Gleichwohl gehören die Soolquellen noch mit zu den wissenschaftlich am Besten erforschten Mineralwässern, und wenn auch die Aufstellung specieller Indicationen auch bei unseren Quellen in erster Reihe den gesammelten Erfahrungen überlassen bleiben muss, so setzt uns das Wenige, was wir über die physiologischen und pharmakodynamischen Wirkungen derselben wissen, doch bereits in den Stand, im Allgemeinen ihren therapeutischen Wirkungskreis zu bezeichnen und ihn gegen den anders constituirter Quellen abzugrenzen.

Bezeichnend für die Wirkung unserer Soolquellen war, wie wir gesehen haben, neben der Beschleunigung der regressiven Stoffmetamorphose (Vermehrung der Ausscheidung des Harnstoffes und des Chlornatrium) die Anregung der Haut- und Gefässthätigkeit und Verdauung, daher schnellere Assimilation der Nahrung und vermehrte Anbildung, kurz: Vermehrung des Stoffumsatzes überhaupt durch gleichzeitige Anregung des productiven und regressiven Lebensprocesses und Erhöhung der resorbirenden Thätigkeit der Blut- und Lymphgefässe. Hieraus folgt, dass wir dieselben in denjenigen Fällen mit Erfolg anwenden werden, wo:

1) die allgemeine Ernährung, besonders bei jugendlichen, in der Entwickelung begriffenen Individuen, bei denen die Anbildung die Rückbildung überwiegen soll, aus irgend welcher Ursache daniederliegt, sei es dass die Aufnahme oder die Assimilation der Nahrung mangelhaft vor sich geht (allgemeiner scrofuloser Habitus tabes meseraïca Rhachitis etc.)

2) durch anormale Richtung der assimilirenden Thätigkeit örtliche Ernährungsstörungen mit chronisch entzündlichem Character enstanden sind und phathologische Producte und zwar vorzugsweise hyperplastischer und hypertrophischer Natur abgelagert haben. (Schwellungen der

4

.

Lymphdrüsen, chronisch entzündliche Anschoppungen der Sexualorgane, chronische Exantheme).

Heteroplastische Neubildungen und Degenerationen der grossen Unterleibsdrüsen, sowie auch die mit endlichem Gewebszerfall verbundenen chronisch-entzündlichen Processe im Lungenparenchym sind dagegen der Wirkung unserer Quellen erfahrungsgemäss nicht mehr erreichbar.

Gilt auch das eben Gesagte mehr oder weniger von allen Soolquellen, so finden doch ohne Zweifel auch wesentliche Unterschiede zwischen den Wirkungen und Indicationen Kreuznach-Münsters einerseits und anderer Soolquellen sowie der ähnlich zusammengesetzten Seebäder anderseits statt, so schwierig auch meist eine präcise Formulirung dieser Differenzen sein dürfte. In Bezug auf viele derselben ist der Unterschied der Wirkung wohl überhaupt nur ein mehr oder weniger quantitativer, mag nun die Verschiedenheit in der Intensität der Wirkung nur in den etwas veränderten Mischungsverhälnissen der festen Bestandtheile oder nur in der verschiednen Methode der Anwendung beruhen. Dagegen werden wir eine qualitativ verschiedne Wirkung für die chemisch und physikalisch wesentlich anders constituirten gasreichen Soolthermen, deren Hauptrepräsentanten Rheme und Nauheim sind, constatiren müssen und zwar in der Weise, dass bei den letztern mehr die anregende daher den Stoffwechsel und die allgemeine Ernährung befördernde Wirkung, bei unsern Quellen dagegen mehr die mächtige Beförderung der Resorption in den Vordergrund tritt[1]). Eine noch ausschliesslicher auf die Anregung des

---

1) J. Braun, Balneotherapie.

Stoffwechsels beschränkte Wirkung werden wir den See-
bädern vindiciren müssen, bei denen bei der Kürze des
Aufenthaltes im Bade wohl nur die Wirkungen des Haut-
reizes durch den starken Salzgehalt und den Wellenschlag
und die der Seeluft in Betracht kommen dürften. Dass wir
diejenigen Soolbäder, denen das Chlorcalcium mehr oder
weniger fehlt für schwächer in der Wirkung halten werden,
versteht sich nach unserer oben entwickelten Ansicht über
die Wichtigkeit dieses Bestandtheils von selbst.

Wenn wir mit den oben im Allgemeinen angedeute-
ten Indicationen den Kreis derselben für unser Bad für
wesentlich geschlossen halten, so wollen wir damit natürlich nicht behaupten, dass unter bestimmten Umständen
nicht noch eine grosse Anzahl ganz heterogener chronischer
Leiden hier Besserung und selbst Heilung finden könne.
Denn es sind ja nicht allein die jeder Quelle eigenthümlichen chemischen Bestandtheile, welche bei einer Badekur
die heilsame Wirkung ausüben, sondern ausserdem noch
eine grosse Anzahl allen Bädern gemeinsamer Agentien
wie die Veränderung des Klima's und der Diät im weite-
sten Sinne des Wortes, die Entferung von unerquicklichen
Verhältnissen, die psychische Wirkung, welche das Bewusst-
sein, eine bestimmte Zeit ganz allein der Förderung der
Gesundheit widmen zu müssen ausübt, und vor allen Dingen
die nicht zu unterschätzende hygieinische Wirkung der
warmen Bäder überhaupt. Wollten wir aber alle die
chronischen Leiden, welche hier wie in andern Bädern
durch die genannten Heilagentien Besserung erfahren haben,
dem Heilgebiet unserer Quellen zuweisen, wogegen sich ja
streng genommen practisch nichts einwenden liesse, so

4 *

würden wir die Grenzen der Heilsphäre unserer Quelle in einer für die wissenschaftliche Begründung der Indicationen doch bedenklichen Weise erweitern und damit schwerlich den wahren Interessen unseres Bades dienen. Wenn wir also aus diesen Gründen manche Kategorien von Leiden wie z. B. chronischen Rheumatismus, Arthritis, Lithiasis etc., die von Manchen noch in das Heilgebiet unsrer Quellen hineingezogen werden, hier nicht besprechen, so geschieht dies aus den angeführten Gründen und nicht etwa aus einer zu weit getriebenen Skepsis. Vielmehr sind wir uns wohl bewusst, dass unsere Quellen nicht als specifisches Mittel gegen bestimmte Krankheiten, z. B. etwa als Gegengift gegen die Scrofelmaterie zu betrachten sind, sondern dass sie nur im Allgemeinen als mächtige Erreger des Stoffwechsels und als umstimmende Mittel wirken, und dass daher unter besonderen Umständen auch die allerheterogensten Krankheitszustände Indicationen für dieselben abgeben können. Aber es ist etwas anderes, ein Mittel einmal unter gewissen individuellen Verhältnissen gegen ein Leiden zu gebrauchen, als es im Allgemeinen gegen dies Leiden zu empfehlen.

Im Folgenden werden wir die nach gewissen natürlichen Gruppen geordneten Krankheiten, gegen welche sich nach den bisherigen Erfahrungen unsere Quellen besonders wirksam erwiesen haben, einer kurzen wesentlich balneotherapeutischen Besprechung unterziehen. Ein strenges Eintheilungsprincip wird man vermissen, da es zweckmässig erschien, bei den scrofulosen Affectionen der Schleimhäute, Knochen und Gelenke auch die nicht scrofulosen, soweit sie in das Heilgebiet unserer Quellen fallen, mitabzuhandeln und andererseits die scrofulosen Exantheme in das Kapitel von den Hautkrankheiten zu ziehen.

1. Scrofulosis.*)

Der Symptomencomplex, für den etwa seit dem vorigen Jahrhundert der Name der Scrofulose gäng und gäbe geworden ist, und im Kampfe mit dem sich unsere Bäder ihre reichsten und begründetsten Lorbeeren erworben haben, zeichnet sich nicht eben durch eine besonders scharfe Abgrenzung gegen andere ähnliche Affectionen aus, noch erfreut er sich schon einer streng wissenschaftlichen pathologisch-anatomischen Begründung. Es ist heute, wo seit Virchow und Lebert die Frage nach dem Wesen der Scrofeln vielfach und streng wissenschaftlich discutirt ist, fast schwerer eine präcise Definition dieser Krankheit zu geben, als vor 30 Jahren in den bequemen Zeiten der Humoral-Pathologie, wo man schnell damit fertig war, eine Scrofeldyskrasie d. h. einen im Blut circulirenden Scrofelstoff anzunehmen, welcher in den Lymphdrüsen eine idiopathische, specifische Erkrankung hervorrufen sollte. Denn es handelt sich jetzt nicht mehr darum, eine dunkle Vorstellung von dem Wesen der Krankheit zu hegen und demgemäss dem Ding einen Namen zu geben, sondern um eine auf wissenschaftlicher Beobachtung beruhende patho-logisch-anatomische Definition der für die Scrofulose charakteristischen Krankheitsproducte und zwar vorzüglich in ihrem ersten Auftreten, und es ist eine solche auch

---

*) Virchow, Geschwülste. Bd. II.

praktisch um so wichtiger, als die Scrofulose nur dadurch
von andern ähnliche Krankheitsproducte liefernden Affectionen zu unterscheiden ist, und als sich daraus auch wieder
wichtige Winke für die therapeutische Behandlung ergeben.
Jener humoral-pathologischen Anschauung trat schon
früh die auf sorgfältige Beobachtungen von Broussais,
Velpeau u. A. begründete Lehre entgegen, dass die
scrofulose Affection der Lymphdrüsen keine idiopathische
und selbstständige, auch keine in Bezug auf die ursprüngliche Blutkrase secundäre sei, sondern vielmehr secundär
in Bezug auf örtliche Ernährungsstörungen gewisser Theile,
von welchen diese Drüsen ihre Lymphe beziehen, also
besonders der Häute (Schleimhäute, Periost, äussere Haut
etc.) Es ist klar, dass auf diese Theile einwirkende
Reize und Schädlichkeiten, besonders irritative Processe,
sich leicht durch die Lymphgefässe auf die mit ihnen
zusammen hängenden Lymphdrüsen fortpflanzen können und
in denselben ähnliche irritative Processe (mit entzündlichem
oder nicht entzündlichem Charakter) und weiter entzündliche Schwellungen d. h. Vermehrung der zelligen Elemente
veranlassen werden. Nun kann man freilich nicht jede
blosse Schwellung der Lymphdrüsen Scrofulose nennen,
vielmehr gehören dazu nach Virchow noch zwei Kriterien:
eine gewisse erhöhte Vulnerabilität der Theile und eine
grosse Dauerhaftigkeit der durch die einwirkenden Reize
gesetzten Störungen, so dass sie auch nachdem die
ursprünglich einwirkenden Ursachen längst aufgehört haben,
noch fortdauern und dann dem Beobachter leicht wie selbstständige idiopathische Affectionen erscheinen.
Was man scrofulosen Habitus, scrofulose Dys-

krasie nennt, ist nach demselben Autor eine Schwäche der einzelnen Theile, also hier der Drüsen, eine gewisse physiologische Unvollkommenheit in der Einrichtung der Drüsen, Schleimhäute etc., welche eine geringere Widerstandsfähigkeit derselben gegen Störungen (Vulnerabilität) und eine geringere Ausgleichungsfähigkeit (Dauerhaftigkeit der Störungen) zur Folge hat. Diese Unvollkommenheit in der Einrichtung der Drüsen kann nun entweder allgemein sein oder sich auf einzelne Systeme beschränken, und es wird dann je nachdem entweder allgemeine Scrofulose oder Scrofulose der Hals - Darm - Bronchialdrüsen etc. entstehen. Sie kann ferner angeboren, vererbt, oder durch unzweckmässige Nahrung, schlechte Luft, mangelhafte Bewegung, in Folge acuter Krankheiten etc. erworben sein. Die der Scrofulose eigenthümlichen Krankheitsproducte sind gewisse Veränderungen der befallenen Gewebe von theils hyperplastischem, theils chronisch entzündlichem Charakter; was darüber hinausgeht, also heteroplastische Bildungen wie die lymphoiden Neubildungen an Orten, wo sie nicht hingehören, gehört nach Virchow nicht zur Scrofulose sondern zur Tuberculose, die er im Gegensatz zu anderen Autoren von jener getrennt wissen will. Diese irritativen Veränderungen betreffen meistens, wie schon aus dem früher Gesagten hervorgeht, die Lymphdrüsen, und wenn sich der Begriff der Scrofulose auch nicht auf das Drüsenleiden beschränkt, so ist dasselbe doch so eigentlich das klassische Product derselben, und hier ist es, wo man den scrofulosen Krankheitsprocess am reinsten und vollständigsten beobachten kann. Es heisst deshalb in der That, den Begriff der Scrofulose in bedenklicher Weise

seiner realen Grundlage berauben, will man, wie es von
hervorragender Seite geschehen ist, spätere Veränderungen
welche die scrofulos erkrankte Drüse erleidet, nämlich
die käsige Metamorphose oder die sogenannte Tuberculi-
sation von der Scrofulose trennen und der Tuberculose
zuzählen.

Halten wir uns an dies Paradigma der scrofulosen
Drüse, um den Verlauf des scrofulosen Processes kennen
zu lernen, so finden wir, dass die erste Veränderung der
erkrankten Drüse in einer Anschwellung besteht, welche
wie die genauere Untersuchung lehrt, durch eine Vermehrung der Lymphzellen (zellige Hyperplasie) bewirkt wird,
deren morphologische Elemente sich wie die vieler anderer
Neubildungen (Tuberkeln, Krebszelle) durch ihre grosse
Hinfälligkeit auszeichnen. Es beginnt daher schon nach
kurzem Bestand der neugebildeten Elemente Zerfall derselben d. h. der käsige Zustand der Drüse, welcher sich
auf die ganze Drüse oder nur auf einzelne Parthien er-
strecken kann. Die Drüse wird dabei hart und fest und
erscheint auf dem Durchschnitt trocken und gleichmässig
gelblich - weiss, während sie in dem ersten Stadium sich
weich anfühlt und auf dem Durchschnitte ein feuchtes mar-
kiges Ansehen zeigt. Dieser käsige Inhalt ist es, den
man früher als die eigentliche Scrofelmaterie angesehen
hat, von dem aber Virchow gezeigt hat, dass er das Product sehr verschiedener Krankheitsprocesse (Tuberculose,
Typhus, Krebs) sein kann. Schliesslich kann dieser käsige
Inhalt erweichen und schmelzen und bildet dann den sogenannten käsigen oder scrofulosen Eiter, und wenn derselbe nach vorhergegangener entzündlicher Schwellung der

bedeckenden Gewebe zum Durchbruch kommt, entsteht endlich das scrofulose Geschwür. — Oder aber es kann die käsige Masse eintrockenen, schrumpfen und endlich verkalken.

Ein noch anderer und nicht seltener Ausgang der hyperplastischen Schwellung ist die in Zertheilung und Resorption, welche sogar noch möglich ist, nachdem schon die käsige Metamorphose eingetreten ist. Dies ist der Verlauf des scrofulosen Drüsenleidens, dasselbe mag nun an den oberflächlichen Lymphdrüsen des Halses oder an den tiefer liegenden Bronchial- und Mesenterialdrüsen auftreten. Wir dürfen aber nicht vergessen, dass das Lymphdrüsenleiden, obgleich wie gesagt die am meisten charakteristische Manifestation des scrofu• losen Allgemeinleidens, doch nur eine secundäre Erscheinung ist in Bezug auf primäre örtliche Ernäherungstörungen scrofuloser Natur, von welchen die später betroffene Drüse durch den Lymphstrom den krankhaften Reiz zugeführt erhält. Weit entfernt also, den Begriff der Scrofulose auf das Drüsenleiden zu beschränken, wie es oft geschieht, wenn man im gewöhnlichen Leben von Scrofeln spricht, (man sagt von einem scrofulosen Menschen, er habe Drüsen, gleichviel ob sich solche durch das Gefühl nachweisen lassen oder nicht) müssten wir vielmehr jene primären Erkrankungen der äussern Haut, der Schleimhäute, der Knochen etc. in erster Reihe in den Kreis unserer Betrachtungen ziehen. Indessen lässt sich an ihnen weit seltener als bei den srofulos erkrankten Drüsen die ganze Reihe von Veränderungen von der zelligen Hyperplasie bis zum käsigen Zerfall nachweisen, sie unterscheiden sich vielmehr von anderen nicht scrofulosen Ernährungsstörungen dieser Systeme meist nur durch ihre Hartnäckigkeit und grosse Neigung Recidive zu machen. So hat man sich denn gewöhnt, diese Affectionen gleichsam mehr als Nebenproducte der Scrofulose zu betrachten und hat sie sogar in neuerer Zeit unter dem für diese Auffassung bezeichnenden Namen der Scrofuliden zusammengefasst (Bazin), ein Name, der insofern nicht glücklich gewählt ist, als er leicht zu der Auffassung Anlass geben könnte, als ob die Scrofuliden zu der Scrofulose in einem analogen Verhältniss stünden wie die Syphiliden zu Syphilis. Es gehören hiezu die scrofulosen Katarrhe der Nasen- und Rachenschleimhaut (Coryza scrof. Pharyngitis granulosa), der Conjunctiva und ihrer drüsigen Gebilde (Blepharo-Adenitis, Conjunctivitis und Keratitis scrofulos.), manche chronische Exantheme (Eczema impetiginos. etc.), die sogenannten kalten Abscesse des Unterhautzellgewebes und ferner die scrofulosen Affectionen der Knochen und Gelenke (Spondylarthrocace, Coxitis etc.). Auch die früher als tuberculose Infiltration der Lungen, in neuerer Zeit nach Virchow's Vorgang als chronische Pneumonie oder käsige Infiltration der Lungen bezeichnete Form der Lungenschwindsucht nimmt Virchow keinen Anstand der Scrofulose zuzuzählen. Alles Leiden, welche auch für sich vorkommen und ihre scrofulose Abstammung erst durch den Zusammenhang mit anderen Merkmalen manifestiren.

Wir haben geglaubt, bei diesen pathologisch-anatomischen Verhältnissen, wie sie aus der klassischen Darstellung Virchow's, der wir ganz gefolgt sind, erhellen, etwas länger verweilen zu dürfen, weil sich in der That

erst hieraus eine klare, mit den klinischen Thatsachen über-
einstimmende Anschauung von dem Wesen der Scrofulose
gewinnen lässt, und sich auch die Aufgaben einer ratio-
nellen Therapie derselben leicht daraus entwickeln lassen.
Es wird nämlich die Aufgabe jeder gegen dies Leiden ge-
richteten vernünftigen Behandlung sein müssen, nicht etwa
ein specifisches Mittel gegen ein supponirtes „Scrofelgift"
zu suchen, sondern theils durch Anregung des Stoffumsatzes die mangelhafte Einrichtung der schwachen und
vulnerablen Theile zu verbessern, theils aber durch Erhöhung der resorbirenden Thätigkeit eine Zertheilung und
Resorption der noch bestehenden oder bereits in käsige
Metamorphose übergegangenen Hyperplasien etc. anzubah-
nen. Dass diese Aufgaben, wenn von irgend einer Behandlungsweise, von dem Heilapparat unseres Bades geleistet werden können, geht aus dem hervor, was oben
über den physiologischen und pharmakodynamischen Wirkungscharakter der Quelle gesagt ist.

Das allgemeine klinische Bild der Scrofulose in allen
ihren Phasen und Localisirungen, wie es jedem Praktiker
aus seiner Erfahrung und aus zahlreichen klassischen Be-
schreibungen sattsam bekannt ist, hier zu entwerfen, kann
nicht die Aufgabe einer Schrift sein, welche sich eigentlich nur mit den Wirkungen eines bestimmten Mittels auf
gewisse Krankheitsformen zu beschäftigen hat, und wir
werden uns daher hier darauf beschränken, einige leitende
Gesichtspunkte für die Behandlung der verschiedenen scrofulosen Affectionen mit den Heilmitteln unseres Bades aufzustellen. Nur hätten wir den in den Lehrbüchern und
Specialschriften angeführten ätiologischen Momenten noch

den wichtigen Einfluss des Klimas auf die Entstehung und
Ausbildung der Scrofulose hinzuzufügen. Dieselbe ist vorzugsweise eine Krankheit der höhern Breiten. Während
sie in den südlichen, milden Himmelstrichen selten vorkommt wächst ihre Häufigkeit mit der Höhe der Breite
und in der gleichen Breite mit der Rauhigkeit und der
Wechselhaftigkeit des Klima's. So liefert in Europa wohl
Russland das grösste Contingent, und in Norddeutschland
sind es wieder die mit einem besonders rauhen und unbe-
ständigen Klima bedachten Küstenstädte wie Bremen, Ham-
burg, Danzig, Königsberg, welche die Soolbäder am reichsten mit Patienten versehen. Der Grund ist einleuchtend:
die Ungunst der Witterung erzeugt eben so viel mehr
Schädlichkeiten, die doch immer die Gelegenheitsursache
zur Entwickelung der Krankheit abgeben müssen.

Wenden wir uns nun zu der Behandlung der Scrofulose durch unsere Heilagentien, so müssen wir zunächst
bemerken, dass der von den meisten Praktikern aufgestellte Unterschied zwichen torpider und erethischer Scrofulose, obgleich zur Zeit pathologisch-anatomisch noch
nicht definirbar, auch uns entschieden festgehalten werden
zu müssen scheint, weil er wichtige Modificationen in der
Anwendung auch unserer speciellen Mittel bedingt, ja von
Manchen sogar der Zweifel ausgesprochen ist, ob Kranke
mit dem erethischen Habitus so recht eigentlich in die
Heilsphäre unserer Quellen und der Soolbäder überhaupt
gehören. Es scheint nämlich, dass bei der Scrofulose der
Stoffwechsel sowohl ein abnorm träger als auch ein abnorm beschleunigter sein kann. Die Fälle mit abnorm

trägem Stoffwechsel (torpide Scrofeln) sind es nun, gegen welche sich unsere Quellen immer besonders wirksam erwiesen haben, und in welchen wir unseren ganzen Heilapparat und die in Kreuznach vorzugsweise ausgebildete Methode in energischster und erfolgreichster Weise zu Felde führen können. Es gilt hier vor allen Dingen, den trägen Stoffwechsel anzuregen, die regressive Metamorphose zu beschleunigen, die gesunkene Energie der Lebensfunctionen, den Tonus der Gewebe zu heben; endlich: die Resorption der in dieser Form meist massenhaft vorhandenen Hyperplasien und Exsudate einzuleiten.

Wir verordnen deshalb in diesen Fällen meist eine energische Trink- und Badekur, verstärken die Bäder allmählich mit Zusätzen von Mutterlauge bis zu 10 Qrt. und darüber und lassen die Temperatur so hoch steigern, dass das Bad bereits eine gelind anregende Wirkung ausübt, also je nach der Indivitualität bis zu 28—30° R. Bei dem innern Gebrauch der Soole hat man hier besonders darauf zu achten, dass man dem Magen und Darmkanal nicht eine zu grosse Menge Soolwasser zuführe und nicht die ohnehin schon meist daniederliegende Verdauung noch mehr beeinträchtige, sondern eben genug, um die Secretion der Magenschleimhaut anzuregen, und um in's Blut übergeführt dort seine auflösenden und resorbirenden Eigenschaften auszuüben. Es ist deshalb durchaus geboten, mit kleinen Quantitäten Soole beginnen zu lassen und allmählich damit zu steigen, bis man die für den individuellen Fall passende Quantität erreicht zu haben glaubt. Starke Durchfälle mahnen aus naheliegenden Gründen (weil sie die zu resorbirende Soole sogleich wieder aus

dem Darm entfernen) zur Verminderung der Quantität ein
etwas beschleunigter Stuhlgang ist dagegen durchaus er-
wünscht und im Falle einer Stockung durch milde Mittel
herbeizuführen. Zuweilen empfiehlt es sich bei dieser Form,
die Soole mit Kohlensäure imprägniren zu lassen oder
selbst anstatt des hiesigen ein stärker auflösendes und kohlen-
säurereicheres Wasser wie das von Homburg oder Kissingen zu verordnen.

Sehr wesentlich trägt gerade hier zur Unterstützung
der eigentlichen Kur eine zweckmässige Diät im engern
und weitern Sinne des Wortes bei. Die Nahrung darf
nicht zu reichlich bemessen und muss mehr stickstoffhaltig
als reich an Kohlenhydraten sein, auch dürfen Wein,
Kaffee, Thee, überhaupt Reizmittel und Gewürze nicht zu
ängstlich, wie es wohl bei den allgemeinen Verordnungen
bei der Scrofulose ohne viel Berücksichtigung des beson-
dern Falls zu geschehen pflegt, ausgeschlossen werden.
Die Fett-, Stärke- und zuckerhaltigen Nahrungsmittel sind
auf das nothwendigste Maas zu beschränken, und hier ist
auch die Achterklärung der vielgeschmähten, im Allgemeinen aber und in richtigem Masse genossen wohl als
leichtverdauliches und harmloses Nahrungsmittel zu be-
trachtenden Kartoffel am Platz, besonders wo die beliebte
Neigung scrofuloser Kinder, sich vorzugsweise damit zu
sättigen, besteht. Demnächst ist vor Allem auf genügende
Bewegung in freier Luft zu halten, jedoch nicht bis zu
bei solchen Kranken leicht eintretender Uebermüdung,
man suche vielmehr die Patienten allmählich an stärkere
Bewegung zu gewöhnen. Langes Ruhen und Schlafen nach
dem Bade ist zu untersagen, frühes Aufstehen und Schlafen-

gehen dagegen dringend zu empfehlen. Gymnastische Ue-
bungen, so zweckmässig sie im Allgemeinen bei torpider
Scrofulose sind, wird man zweckmässiger doch meist in
die Nachkur verweisen, um Uebermüdung zu vermeiden.
Als Nachkur sind besonders die kräftigen und erregenden
Nordseebäder zu empfehlen, und zwar entweder nur der
Aufenthalt an der See oder in vielen Fällen und nach
einer Pause von einigen Wochen die kalten Seebäder
selbst. Endlich für den nächsten Winter tägliche kalte
Abreibungen des ganzen Körpers mit Brunnen- oder auch
Soolwasser und kleine Dosen Eisen bei fortgesetzter zweck-
entsprechender Diät. Der vielangewandte und viel ge-
missbrauchte Leberthran passt für diese Form der Scrofulose nicht. Von grösster Wichtigkeit gerade bei dieser
sehr hartnäckigen Form ist es, dass die Kur hinreichend,
lange fortgesetzt wird und zwar, wo nicht bestimmte Erscheinungen es verbieten, mindestens 6—7 Wochen. Nur
eine eben so energische als andauernde Einwirkung unsrer
Heilmittel und Heilmethode vermag hier das meist tief-
eingewurzelte wenn nicht angeborene Leiden wirksam zu
bekämpfen und die perverse Richtung der Assimilation zu
alteriren; dagegen verspricht aber auch der consequente
Gebrauch unserer Kurmittel Erfolge, wie sie bei anderen
Leiden selten erzielt werden, und es ist gerade dies Gebiet, auf welchem Kreuznach seine glänzendsten und ver-
dientesten Lorbeeren errungen hat.

Sehr verschieden hiervon gestalten sich meist die
Indicationen bei der sogenanntem crethischen Form der
Scrofulose, so verschieden, dass man geneigt sein möchte,
schon ex nocentibus et juvantibus eine verschiedene Krank-

heitsursache bei dieser Form anzunehmen. Hier, wo schon von vorneherein der Stoffumsatz eher beschleunigt ist, gilt es, bei der Anwendung unserer mächtig erregenden Kurmittel sehr discret zu verfahren, will man nicht Gefahr laufen, der Entwickelung der ohnehin sich aus diesem Zustand nicht selten entwickelnden Phthise Vorschub zu leisten. Wir verordnen daher hier ganz kleine Dosen Soolwasser und daneben häufig noch Molken als Trinkkur, schwache, kurze und kühle Bäder (24—26°), reichliche und mehr fettreiche und vegetabilische Kost, viel Aufenthalt bei mässiger Bewegung im Freien und — soweit sich dieser verordnen lässt — viel Schlaf, auch nach dem Bade. Als Nachkur: Aufenthalt an der See ohne Bäder und womöglich Winteraufenthalt in einem milden continentalen Klima, z. B. im südlichen Frankreich; im Winter Leberthran, der hier seine wohlbegründete Anwendung findet.

Das sind ganz in der Kürze die Gesichtspunkte, nach denen diese Fälle zu behandeln sind. Dass hier Kreuznach und die Soolbäder überhaupt bei Weitem nicht in dem Grade als souveräne Mittel gelten können, wie bei der torpiden Form, liegt auf der Hand, indessen haben sich doch viele und gewichtige Autoritäten dafür ausgesprochen, auch diese Form der Scrofulose den Soolbädern zuzuweisen.

Lymphdrüsen.

Von den mannigfachen Localisationen der Scrofulose sind gerade die charakteristischsten, nämlich die Schwellungen der Lymphdrüsen, nach der oben entwickelten An-

schauung von dem scrofulosen Process eigentlich als secundäre Manifestationen des Leidens anzusehen. Jedoch
werden wir dieselben in erster Reihe abhandeln, da.sie
immerhin als die wichtigsten und constantesten Symptome
der Scrofulose zu betrachten sind.

Es ist die torpide Form der Scrofulose, bei der
wir die ausgedehntesten und massenhaftesten Drüsenan-
schwellungen besonders der Hals- und Nackengegend beobachten, sei es im Stadium der einfachen indolenten hyperplastischen Schwellung, oder bereits in der käsigen
Metamorphose begriffen, oder endlich im Zustande des
Aufbruches und der sogenannten Vereiterung als scrofu-
ose Abscesse. Ihre Heilung geht Hand in Hand mit der
Heilung der scrofulosen Diathese, soweit ihr Inhalt nicht
bereits vollständig in käsigen Detritus verwandelt oder
gar verkalkt ist und in diesem Zustand der Heilung durch
Zertheilung und Resorption meist einen äussert hartnäckigen Widerstand entgegensetzt. Sehr förderlich zur
Resorption und Zertheilung ist es, wo nicht frische entzündliche Processe in der darüberliegenden Haut davon
abrathen, Umschläge von reiner oder durch Mutterlauge
verstärkter Soole auf die Drüsenpakete zu machen, und
man muss sich hierbei nicht irre machen lassen durch
temporäre Verschlimmerungen unter dem Einflusse solcher
Umschläge, die man vielmehr als ein Zeichen der begin-
nenden Reaction und Einleitung der Resorption willkommen
zu heissen hat.

Wo es bereits zum Durchbruch und zur Geschwürs-
bildung gekommen ist, bedeckt man die betreffenden Stellen
am besten bloss mit feuchten Compressen, und nur bei

schlaffen Rändern und unreinem Grunde greift man zu reizenden Soolwasserumschlägen und Aetzungen. Bei Geschwüren mit stark unterminirten Rändern, die sich besonders renitent gegen die Heilung zu zeigen pflegen, kann man dieselbe zuweilen sehr beschleunigen durch theilweise Abtragung der Geschwürsränder und Anlegung eines Compressiv - Verbandes von Heftplasterstreifen. — Vollständig verkalkte Drüsen sind natürlich der Zertheilung nicht mehr fähig und sind, wo es ihr Sitz erlaubt, auf operativem Wege zu entfernen.

Eine sehr selbstständige Form der Lymphdrüsenerkrankungen ist die durch Hyperplasie bedingte Anschwellung der Tonsillen. Sie entsteht gewöhnlich in Folge scrofulöser Rachenkatarrhe, aber auch ebenso häufig in Folge acuter Rachenentzündungen bei sonst ganz und gar nicht scrofulosen Individuen jüngern Alters. Sie zeichnet sich vor den scrofulosen Erkrankungen der gewöhnlichen Lymphdrüsen dadurch aus, dass sie viel weniger die Tendenz zur käsigen Metamorphose und Zerfall zeigt und dass sie unsern Kurmitteln einen ganz verzweifelt hartnäckigen Widerstand entgegensetzt. Es ist desshalb, wo sonst keine scrofulosen Symptome vorhanden sind, wie in vielen Fällen, die operative Entfernung dem Gebrauch unserer Bäder entschieden vorzuziehen.

Die einfachen Hyperplasien der Schilddrüse (Kropf) weichen in frischen Fällen und bei jugendlichen Individuen dem Jod schneller als den Soolbädern, in veralteten Fällen dem einen so wenig wie den andern.

Ausser den gewöhnlichen scrofulosen Schwellungen der Lymphdrüsen kommen bekanntlich noch andere Lymph-

drüsen-Tumoren besonders an den Hals- und Achseldrüsen
vor, welche ebenfalls auf zelliger Hyperplasie der lympha-
tischen Elemente basiren, sich aber dadurch wesentlich
von den scrofulosen Hyperplasien unterscheiden, dass sie
eine grosse Persistenz und gar keine Neigung zum käsigen
Zerfall zeigen, dass sie häufig Metastasen in Leber und
Milz etc. setzen und meist tödlich enden. Es sind dies
die sogenannten Lympho - Sarkome und die leukämischen
Lymphome. A priori sollte man einen günstigen alteri-
renden Einfluss unsrer Kurmittel auch auf diese Klasse
von Lymphdrüsen-Erkrankungen nicht für unwahrscheinlich
halten, doch hat Verfasser wenigstens in einem derartigen
Fall die gänzliche Unwirksamkeit der hiesigen Quellen erfahren. Es betraf derselbe einen 40jährigen Mann, bei
dem sich seit einigen Jahren ganz allmählich enorme, weiche
und schmerzlose Anschwellungen der Lymphdrüsen des
Halses und der Achseln gebildet hatten, der deshalb verschiedenen antisyphilitischen Kuren unterworfen und endlich
auch nach Münster geschickt worden war. Es bestanden
hier ganz colossale bis hühnereigrosse, weiche, indolente
Anschwellungen, besonders der Halsdrüsen, welche zuweilen
bedeutende Athemnoth hervorriefen, ferner bereits erhebliche Vergrösserung der Leber und Milz. Die öfters wiederholte Untersuchung des Blutes ergab keine Vermehrung
der farblosen Blutkörperchen. Für vorausgegangene Syphilis sprach gar nichts. Eine zweimal wiederholte, sehr
consequent und energisch durchgeführte Kur, bei der besonders auch auf Verbesserung der durch die vielen
antisyphilitischen Kuren sehr herabgekommenen Ernährung
Rücksicht genommen wurde, hatte weder während der Kur

noch später irgend einen Einfluss auf das Lymphdrüsenleiden, und der einzige zweifelhafte Erfolg war, dass sich bei
der Wiederkehr des Patienten im zweiten Jahre keine
Verschlimmerung wahrnehmen liess.

Schleimhäute.

Die Affectionen der Schleimhäute behaupten in der
Lehre von der Scrofulose und ihrer Behandlung eine
ganz hervorragende Wichtigkeit, denn gerade die Schleimhäute sind es vorzugsweise, welche die scrofulose Diathese —
wenn es uns gestattet ist uns der Kürze wegen so aus-
zudrücken — zum ersten Angriffspunkt zu nehmen pflegt,
oder um genauer zu reden, in welchem sich zuerst die für
die scrofulose Anlage charakteristische Schwäche der
Theile manifestirt, und von welchen aus meistens erst secundär die verschiedenen Lymphdrüsen-Systeme in Mitleidenschaft gezogen werden. Um so mehr muss daher
auch eine vernünftige Therapie ihr Augenmerk darauf richten, hier bei ihrem ersten Auftreten der Krankheit sogleich
energisch entgegen zu treten, und damit die Quelle weiterer secundärer Wirkungen zu verstopfen. Bei der Behandlung derselben durch unsere Kurmittel würden es natürlich zunächst wieder die vorhin aufgestellten Principien
sein müssen, nach denen sich die Anwendungsmethode derselben zu richten hat; besonders sind es aber auch die Lo-
calapplicationen der Soole, welche hier in den meisten
Fällen in Betracht kommen. Denn so lange noch keine
ausgedehnte Lymphdrüsenerkrankungen vorhanden sind kann
man eigentlich nur von einer gewissen Prädisposition zur
Scrofulose sprechen, noch nicht von einer scrofulosen Dys-

krasie, die nur durch allgemeine Behandlung zu tilgen ist.
Erst die Gelegenheitsursachen wie die localen Affectionen
der Schleimhäute rufen die Krankheit schliesslich hervor,
und diese sollte man daher vor allen Dingen an Ort und
Stelle, also wo es immer angeht durch locale Mittel zu
bekämpfen und zu tilgen suchen.

Es sind bekanntlich vorzugsweise die Schleimhäute
der Nasen- und Rachenhöhle mit ihren appendices (Tuba
Eustachii, Pauckenhöhle), der Augen, sowie die Darm- und
Bronchialschleimhaut, welche vielfach die Sitze sehr hart-
näckiger und leicht wiederkehrender katarrhalischer Affectionen sind, die wenigstens in den meisten Fällen auf eine
scrofulose Prädisposition zurückzuführen sind, und die im
letzten Falle sich dadurch auszeichnen, dass sie, wo immer die afficirten Schleimhäute Lymphfollikel enthalten,
diese sehr schnell in Mitleidenschaft ziehen und Schwellungen derselben herbeiführen. So tritt diese Affection am
Pharynx unter dem Bilde der sogenannten Pharyngitis granulosa auf, wobei man die geschwellten und gerötheten
Follikel deutlich über das Niveau der Rachenschleimhaut
hervorragen sieht; oder es sind die Tonsillen, welche bei
der sogenannten angina scrofulosa geschwellt erscheinen.
Bei den scrofulosen Processen der Bindehaut sind es wieder die Meibomschen Drüsen und die Drüsen an der Haar-
zwiebel der Wimpern, bei den Darmkatarrhen die Follikel
der Schleimhaut des Dünn- und Dickdarms (Enteritis fol-
licularis), bei den Bronchialkatarrhen endlich die Bronchialdrüsen, welche sehr bald mitafficirt werden und durch
ihre Mitleidenschaft diesen Fällen eigentlich erst ihr scro-
fuloses Gepräge geben.

In den meisten dieser Fälle suchen wir neben einer zweckmässigen Allgemeinbehandlung, wenn nicht erhebliche Reizzustände es verbieten, durch örtliche Application der Soole auf die erkrankte Schleimhaut das Uebel in der directesten Weise zu bekämpfen und zwar häufig mit dem allerbesten Erfolg.

Bei der Ozaena scrofulosa, wo ausser der Absonderung eines übelriechenden Secretes häufig auch noch ulceröse Processe an der Schleimhaut der Muskeln bestehen, die man bei günstigem Sitz und guter Beleuchtung direct in's Gesichtsfeld bringen kann, ist das tägliche mehrmalige Aufziehen des Soolwassers vermittelst der hohlen Hand, oder bequemer die Anwendung der Douche vermittelst eines heberartig wirkenden Gummischlauchs von grossem Nutzen. Es wird dadurch die Schleimhaut von dem Secrete gereinigt und dadurch schon allein das lästige Symptom des üblen Geruchs wirksam wenn auch nur vorübergehend beseitigt; ausserdem aber wird der meist schlaffe und von schlechtem Secret bedeckte Geschwürsgrund gereinigt und gelinde gereizt, wodurch die Tendenz zur Heilung befördert wird. Man kann dem Soolwasser zuweilen kleine Quantitäten Mutterlauge mit Vortheil zusetzen, grössere dagegen erregen meist eine zu heftige Reaction. Das Uebel tritt häufiger bei Mädchen als bei Knaben auf, besonders häufig in der Pubertäts-Entwicklung. Es wird zuweilen durch eine Kur auf lange Zeit beseitigt, meist aber sind wiederholte Kuren nothwendig und selbst diese lassen uns zuweilen, wenn auch nur in seltenen Fällen im Stich. Wo zugängliche Ulcerationen der Nasenschleimhaut bestehen und die Beschaffenheit des Geschwürsgrundes es

indicirt, kann man mit der örtlichen Anwendung der Soole
auch Aetzungen verbinden. Genügt die Nasen-Douche nicht
zur Beseitigung des üblen Geruches, so setzt man dem
Soolwasser zweckmässig eine Lösung von übermangansau-
rem Kali zu, einem wenigstens momentan souveränen Mittel.
Mit dem scrofulosen Katarrh der Nasenschleimhaut
sind die schon erwähnten Affectionen der Rachenschleimhaut
und ihres folliculären Drüsenapparates, die Pharyngitis granulosa und angina tonsillaris verbunden.
Es haben dieselben um so grössere Wichtigkeit, als die
katarrhalische Schwellung sich häufig auf die Schleimhaut
der Tuben und von hier weiter bis in die Paukenhöhle erstreckt und theils mechanisch durch Verschluss der Tu-
benmündung, theils durch Mitleidenschaft der Schleimhaut der Paukenhöhle selbst Schwerhörigkeit herbeiführt.
Es sind dies Fälle, in denen eine richtige und besonders
auch örtliche Anwendung der Soole sehr glänzende Resultate erzielen kann, indem mit Beseitigung des Rachenka-
tarrhs auch die zuweilen schon jahrelang bestehende Schwerhörigkeit dauernd verschwindet. Die örtliche Application
der Soole, die in diesen Fällen wohl immer indicirt ist,
geschieht entweder durch Gurgeln oder vermittelst der
Schlund-Douche. Bei der Verordnung des Gurgelns ist es
wichtig den Patienten zu belehren, dass sie diese Proce-
dur in zweckmässiger Weise, nämlich in der Rückenlage
und unter Schlingbewegungen, wie es von Troeltsch ange-
geben ist, ausführen. Gewöhnlich ist es nöthig, mit der
allgemeinen und örtlichen Anwendung der Soole noch Aetzungen mit argent. nitr. in Substanz oder in starken Lösungen zu verbinden, und diese sowie das Gurgeln noch nach

Beendigung der Kur längere Zeit fortsetzen zu lassen. Der
Erfolg ist ein um so sicherer und entschiedenerer, je mehr
sich das Leiden noch auf die Pharynx- und Tubenschleim-
haut beschränkt; hat sich dagegen der Process schon seit
längerer Zeit auf die Paukenhöhle fortgepflanzt, so wird
auch eine Soolbäderkur wie jede andere Behandlungsweise
schon viel erreicht haben, wenn sie denselben zum Still-
stand zu bringen vermochte.

Bei den scrofulösen Entzündungen des äusseren Ge-
hörganges, wie sie besonders häufig bei kleineren Kindern
auftreten und oft in harmloser Form als einfache Otor-
rhoe verlaufen, zuweilen aber auch Zerstörungen des Trom-
melfells herbeiführen und, wenn sie sich auf das innere
Ohr ausbreiten, zu sehr bedenklichen Zuständen (Caries
des Felsenbeins und deren perniciösen Folgen) Veranlassung geben können, muss man von einer irgend wie ener-
gischen ,örtlichen Application der Soole, besonders den hier
und da üblichen kräftigen Ausspritzungen des Ohres mit
Soolwasser Abstand nehmen und sich in Bezug auf die
örtliche Behandlung auf eine sorgfältige täglich mehrmals
wiederholte Reinigung des Gehörgangs durch gelindes Ein-
träufeln lauwarmer Soole oder reinen Wassers begnügen.
Auch bei der Anwendung adstringirender Flüssigkeiten,
wie sie ja dabei häufig angezeigt ist, thut man besser das
Medicament mit einem Theelöffel bei geneigtem Kopfe in
den Gehörgang zu giessen, als mit einer oft hartgehenden
Spritze einzuspritzen.

Bei den Krankheiten der Bindehaut und
den der drüsigen Organe der Augenlider, so weit sie als
auf scrofulöser Basis beruhend in die Heilsphäre unserer

Quelle gehören, und welche bekanntlich zu den hartnäckig-
sten Leiden zählen, sind die Erfolge richtig geleiteter Kuren
oft ausserordentlich; nur muss man meist darauf verzichten,
dieselben schon während der Kur selbst hervortreten zu
sehen. Gewöhnlich belehrt die mit geringer Befriedigung
aus dem Bade zurückgekehrten Patienten erst der fol-
gende Winter über den günstigen Erfolg, und fast immer
sind mehrere Kuren nach einander erforderlich, um das
Uebel und die krankhafte Disposition dazu völlig zu heben.
Was die örtliche Anwendung unserer Kurmittel betrifft, so
muss man dieselben mit grosser Vorsicht anwenden. Es
kommen hier, wie jedem Augenarzt bekannt ist, Zustände
von so excessiver Reizbarkeit vor, dass sich die Anwendung
örtlicher Mittel jedesmal auf das empfindlichste straft, ohne
dass man es meistens dem Fall von vorneherein ansehen
könnte. Besonders bei Mitleidenschaft der Sklera und
Cornea (Conjunctivitis phlyctaenoides, Herpes corneae,
Keratitis scrofulosa), wobei meist grosse Lichtscheu besteht, muss man oft von allen örtlichen Mitteln abstrahiren.
Schwache und kühle Solbäder, innerlich kleine Dosen
Soole, reizlose aber kräftige Diät, viel Aufenthalt im Freien
mit Abhaltung jedes grellen Lichtes führen hier noch am
ehesten aber auch selten schnell zum Ziel. Nachschübe
und Recidive, denen diese Formen (besonders der Herpes
corneae) sowie wenig andere Krankheiten unterworfen sind,
kommen natürlich auch während der Kur vor, aber entschieden seltener als sonst. Man kann bei solchen Exa-
cerbationen dann nicht immer der Anwendung örtlicher
Medicamente entrathen und. wird bei starkem Entzündungs-
reiz mit arteriellen Hyperämien kalte Umschläge, Atropin

etc. anwenden müssen, während sich in den Fällen, wo die entzündlichen Erscheinungen mehr vor der heftigen Lichtscheu zurücktreten, Umschläge von Bleiwasser, das Einstäuben von Calomel, besonders aber die Anlegung eines Schutzverbandes empfehlen. Gegen die sehr häufigen begleitenden eczematösen Ausschläge der Wange und Nase ist vor allem die allersorgsamste Reinlichkeit zu empfehlen.

Die scrofulosen Leiden der Augenlider (Blepharadenitis ciliaris) pflegen eher eine örtliche Application des Soolwassers zu ertragen und zu fordern. Man wendet sie an, indem man die Patienten anweist, im Bade die leicht geschlossenen Augenlider häufig zu netzen, und, wenn dies gut vertragen wird, selbst mit offenen Augen in dem mit Mutterlauge verstärkten Badewasser unterzutauchen.

Sind die eben besprochenen Affectionen der Schleimhäute der Sinnesorgane mehr von localer Bedeutung, so wird in den Fällen, wo die scrofulose Anlage sich in einer Schwäche der Schleimhäute des Verdauungskanals äussert, ihre unmittelbar verderbliche Wirkung auf die Ernährung und somit ihre noch weit grössere Wichtigkeit ohne Weiteres klar sein. Die sogenannten Unterleibscrofeln oder Unterleibsdrüsen, obgleich diese Namen auch in manchen unschuldigen und fern liegenden Fällen behalten müssen, stehen mit Recht bei Aerzten und Laien in bösem Ruf. Der aufgetriebene Leib, die belegte Zunge, der Appetit-mangel, oder auch in manchen Fällen der Heisshunger, hartnäckige Diarrhöen oder in selteneren Fällen hartnäckige Verstopfung, sind die wohlbekannten Symptome dieser in ihren vorgeschrittenen Stadien tabes meseraica genannten Form der Form der Scrofulose. Eine Schwellung der Mes-

enterialdrüsen findet dabei fast immer statt, wie Obductio-
nen solcher scrofuloser Kinder lehren, obgleich sie nur in
seltenen Fällen durch die Palpation nachzuweisen ist. Hier
leistet ein sorgsam geleiteter und consequent durchge-
führter, vor allem aber jahrelang wiederholter Gebrauch
unserer Quelle vielleicht mehr als bei irgend einer anderen
Scrofelform, vielleicht weil uns hier mehr als sonst der
innere Gebrauch der Soole direct zu Statten kommt. In
der ersten Hälfte der Kur verordnen wir in diesen Fällen
bei Kindern, um die es 'sich fast immer handelt, meist
kurze, kühle Soolbäder ohne Mutterlaugenzusatz, kleine
aber öfter wiederholte Portionen Soolwasser, dabei wenig
reichliche aber kräftige und anregende Diät, fleissige Bewegung im Freien mit leichten gymnastischen Uebungen.
Zusätze von Milch oder Molken sind nach unserer Erfahrung entschieden zu widerrathen, weil das wenig anmuthende
Gemisch oft den Appetit noch mehr beeinträchtigt. Oft,
besonders wo folliculäre Verschwärungen im Dickdarm vorhanden sind, thun ganz kleine Klystiere von Soolwasser
vortreffliche Dienste.

Bei der früher erörterten Wirkung der Soole auf
die Magen- und Darmschleimhaut und auf die Verdauung
versteht es sich von selbst, dass auch bei nicht scrofulosen chronischen Magen- und Darmkatarrhen sowie bei der
einfachen idiopathischen Dyspepsie unsere verhältnissmässig
schwachen und leicht verdaulichen Quellen von grossem
Nutzen sein können durch den leichten Reiz, den sie auf
die Verdauungsschleimhaut ausüben. Allerdings müssen
wir uns nicht verhehlen, dass für diese Fälle unsere Soolquellen in den kohlensäurereichen Kochsalzquellen von Hom-

burg, Kissingen etc. Rivalen haben, die in der Mehrzahl
der Fälle den Sieg davon tragen möchten. Immerhin aber
kommen Fälle vor, wo die Kohlensäure, und die Kälte
von der erkrankten Magenschleimhaut schlecht vertragen
werden, und dürfte dann die warme, gaslose, dabei an
Salzgehalt Homburg nicht übertreffende Quelle von Münster
besonders zu empfehlen sein, und vor der etwas stärkeren,
kalten Elisenquelle entschieden den Vorzug verdienen.

Unter den katarrhalischen Affectionen der Bronchial-
schleimhaut ist es vor allen Dingen die so häufig bei Kindern auftretende chronische scrofulose Bronchitis, die in
die Heilsphäre unserer Soolquellen gehört. Hier bestehen
fast immer gleichzeitig Schwellungen und weitere scrofulose Metamorphosen der Bronchialdrüsen, die dann wieder
ihrerseits einen Reiz auf die Bronchialschleimhaut ausüben
und zur Enstehung eines trockenen, krampfhaften, sehr quä-
lenden und hartnäckigen Hustens und selbst asthmati-
scher Anfälle beitragen. Oft mag in diesen Fällen der primäre Bronchialkatarrh bereits abgelaufen, und die secundäre Schwellung und Verkäsung der Bronchialdrüsen als
scheinbar selbständige Affection zurückgeblieben sein. Hier
ist vor allen Dingen der scrofulose Habitus und die Drü-
senaffection durch die energische Anwendung nicht zu
kühler und schwacher Bäder, die zugleich ein Hautreiz
ausüben sollen, und den innern Gebrauch des Brunnens,
oder wo übermässige Reizbarkeit besteht, warmer Molken zu bekämpfen; nur fordert hier freilich der gefähr-
liche Sitz des Uebels sehr sorgfältige Berücksichtigung
des Zustandes der Lungenparenchyms. Wo sich bereits
Infiltrationen nachweisen lassen, oder wo sich auch nur

eine geringe aber constante Fieberbewegung bemerkbar macht, also wo die Entwicklung von Lungenphthise zu befürchten steht, ist der Gebrauch unsrer Quellen, besonders aber der Bäder entschieden contraindicirt. Es scheint auch in der That ganz gleichgültig zu sein, ob in solchen Fällen ursprünglich eine Tuberkel-Bildung oder eine eigentliche scrofulose chronische Bronchopneunomie, bei welcher nach Virchow eine Anhäufung scrofuloser, käsiger Massen in den Alveolen und kleinen Bronchien stattfindet, zu Grunde liegt; immer scheint der Eintritt in das Stadium der Lungenphthise den Gebrauch unserer Bäder wegen ihrer auch bei Anwendung kühlerer Temperatur doch immer erregenden Wirkung zu verbieten. Mehr als bei irgend einem andern Leiden kommen natürlich bei der Erkrankung der Bronchial-Schleimhaut die klimatischen und atmosphärischen Verhältnisse in Betracht, und müssen wir die gleichmässige Sommertemperatur mit den geringen Tagesschwankungen und die in Folge des Verdunstungsprocesses an den Gradirwerken stets an Wasserdämpfen reiche Luft als sehr wirksame Unterstützungsmittel der Kur bei scrofuloser Bronchitis hervorheben. Wir verordnen daher solchen Patienten täglich einen mehrstündigen Aufenthalt an vor Zug geschützten Theilen der Gradirwerke, sowie auch die Inhalation der zerstäubten Soole, ohne dass wir einen zu starken Reiz der Salztheilchen auf die Bronchial-Schleimhaut zu befürchten brauchen. Als Nachkur sind hier dringend zu empfehlen: täglich kalte Abreibungen mit Soolwasser oder auch Brunnenwasser, die man wo möglich den ganzen Winter fortsetzen muss. Es wird hierdurch in sehr wirksamer Weise

den bei bestehender scrofuloser Schwäche der Athmungs-
wege besonders zu fürchtenden wiederholten Erkältungen
vorgebeugt. Auch wo keine scrofulose Basis für bestehende
chronische Bronchialkatarrhe angenommen werden kann,
besonders bei torpidem Zustand der Schleimhaut mit
reichlichem zähem Secret, werden unsere Soolwässer verbunden mit der Wirkung des gleichmässigen und anregenden Klima's und der Gradirluft in vielen Fällen vortreffliche
Dienste leisten. Der genauen Beurtheilung jedes einzelnen
Falles muss es natürlich überlassen bleiben, ob die Soolwässer oder die alkalisch - muriatischen Quellen oder die
einfachen Natron - Wässer den Vorzug bei dem innern
Gebrauch verdienen.

Gelenke und Knochen.

Auch wo keine scrofulose Diathese zu Grunde liegt,
fallen die Krankheiten der Knochen und Gelenke in sofern
in das Heilgebiet unserer Quellen, als durch die Anwendung derselben die Ernährung der durch langen Säfteverr-
lust meist heruntergekommenen Patienten verbessert, und
der Process durch Anregung des Stoffwechsels beschleunigt
werden kann, und, wo Exsudate in das Gelenk oder das
Periost abgelagert sind, die Resorbtion derselben angeregt
wird. Auf sehr schnelle und eclatante Wirkungen muss man
in diesen äusserst langwierigen Fällen sich keine Hoffnung
machen; dagegen ist es ganz unleugbar, dass in zahlreichen
Fällen ein consequenter und wiederholter Gebrauch unserer
Bäder die oben genannten Resultate zu erzielen vermag
und besonders in den schon abgelaufenen Fällen die zurück-
gebliebenen Exsudate und Verdickungen zu schmelzen und

so die Functionsfähigkeit der Theile zu bessern im Stande ist. Es ist dies bei Affectionen wichtiger Gelenke und Knochen, wie z. B. der Hüftgelenkentzündung, die so oft das Leben, immer aber sehr wichtige Functionen bedrohen, immerhin ein bedeutender Erfolg. — Nur vor einem sehr häufigen Missgriff ist hier zu warnen: Der Beginn aller dieser Leiden, besonders der Hüft- und Kniegelenkentzündung der Caries der Wirbelsäule ist ja immer mit mehr oder weniger bedeutenden entzündlichen Symptomen verbunden. In diesem Stadium nun ist die erste und wichtigste Indication, das ergriffene Gelenk oder die Wirbelsäule in passender Lage in absolute Ruhe zu versetzen und diese Behandlung muss so lange fortgesetzt werden, als eine irgendwie erhebliche entzündliche Reizung sich noch nachweissen lässt. Jede andere Behandlung, welche die absolute Ruhe des Theils verhindert, also besonders eine Badekur ist schädlich, weil sie die Erfüllung der nächsten und wichtigsten Indication unmöglich macht, und durch die damit verbundene Anstrengung und Bewegung der erkrankten Gelenke die entzündliche Reizung direct vermehrt wird. Es gilt dies vor allem von dem insidiösesten dieser Processe, der Hüftgelenkentzündung und gerade hier wird am häufigsten dagegen gefehlt und es werden leider nur zu häufig Fälle in die Bäder geschickt, bei denen das entzündliche Stadium noch in voller Blüthe besteht, die Stellung des Beines die erdenklich ungünstigste, und jede Bewegung des Hüftgelenkes von den heftigen Schmerzen begleitet ist. Dass hier die mit einer Badekur nothwendig verbundenen Anstrengungen und Bewegungen schädlich wirken und die heilsame Wirkung des Bades auf den Gesammtorganismus illusorisch machen müssen, liegt auf der Hand. Dagegen sehen wir in Fällen, wo der Process abgelaufen ist und es sich darum handelt, nicht nur die alterirende Einwirkung auf den Organismus die krankhafte Disposition zu tilgen und die Wiederkehr des Uebels zu verhindern, sondern auch etwa abgelagerte Exsudate etc. zu schmelzen und die Ausgiebigkeit der Bewegungen zu vermehren, oft schon nach einer Kur wirklich günstige Resultate. Wo man eine Wiederanfachung des Processes durch kräftige locale Einwirkungen nicht mehr zu fürchten braucht und es besonders darauf ankommt, die beeinträchtigte Beweglichkeit wiederherzustellen, alte fistulöse Geschwüre zur Heilung zu bringen und Verdickungen der umgebenden Weichtheile zu resorbiren, endlich bei Lähmungen, welche durch Druck eines Exsudates auf das Rückenmark oder die austretenden Nerven enstanden sind, empfiehlt sich entschieden die örtliche Application der Soole, sei es in Form von Umschlägen mit verdünnter Mutterlauge, sei es als Injectionen oder Douchen mit Soolwasser; auch haben dem Verfasser hier zuweilen warme Kataplasmen mit Salinenschlamm, der ausser dem Eisen und den erdigen Bestandtheilen der Soole besonders Kochsalz enthält, vortreffliche Dienste geleistet. Wo es wünschenswerth ist, das erkrankte Glied noch möglichst zu schonen und wo die Localität des Leidens es gestattet, empfiehlt es sich sehr, einen festen, aber abnehmbaren Verband anzulegen, den der Patient im Bade und so lange er äusserliche Mittel anwendet, abnehmen kann. Statt des immer lästigen und schweren Gypsverbandes bedient sich der Verfasser seit einigen Jahren des sehr leichten,

bequem anzulegenden und ebenso leicht entfernbaren Wasser-
glasverbandes. Wo nach tief eingreifenden cariösen Processen der Gelenkenden knöcherne Ankylose eingetreten ist,
kann man von den Bädern natürlich keine Wiederherstellung
der Beweglichkeit erwarten; hier muss vielmehr, wenn
damit wie gewöhnlich eine abnorm gebeugte Stellung des
Gelenkes verbunden ist, die operative Chirurgie durch
forcirte Streckung etc. zunächst zu helfen suchen. Bei der
Spondylarthrocace, auch wo der entzündliche Process schon
abgelaufen ist, muss man soviel als möglich darauf dringen,
dass die Patienten so wenig wie möglich die horizontale
Rückenlage verlassen und doch nicht von der freien Luft
ausgeschlossen werden, was man am besten durch Lagerung
in einem offenen mit einer guten Matraze versehenen
Wagen erreicht. Bei der Coxalgie ist, wie wir schon
erwähnt haben, das Bad überhaupt nicht früher anzuwenden,
als bis man von einer mässigen Bewegung keine nachtheiligen
Wirkungen mehr zu fürchten hat. Freilich muss auch
dann noch auf möglichste Schonung des Gelenkes sorgfältig
Bedacht genommen werden.

2. Rachitis.

Der günstige Einfluss unserer Bäder wie der Soolbäder überhaupt auf die Heilung der Rachitis wird von allen Beobachtern anerkannt und kann wohl nicht bezweifelt werden. Ob hier dem Gehalt unserer Soole an Chlorcalcium eine directe Wirkung auf die Ernährung der Knochen zugeschrieben werden muss oder ob es nur die anregende Wirkung der Bäder auf den Stoffwechsel und die allgemeire Ernährung bei zweckmässiger Diät- und Luftveränderung ist, welche die günstigen Resultate erzielt, vermögen wir nicht zu entscheiden. Sicher ist, dass zweckmässig veränderte Ernährung, gute Luft, Darreichung von Eisen und Kalk in vielen Fällen schon allein zur Heilung hinreichen. — Wir verordnen hier, wo wir es ausschliesslich mit jüngern, schwächlichen Kindern zu thun haben, gewöhnlich nur schwache Soolbäder und kleine, öfter wiederholte Dosen Soolwasser von 2 — 3 Unzen. Als Nachbehandlung sind Seebäder sehr zu empfehlen.

3. Syphilis.

Einen directen Einfluss auf die Heilung noch bestehender Syphilis können wir unseren Quellen so wenig wie irgend einem andern Bade zuerkennen. Dass bei geschwächten und erschöpften Individuen, bei mercurieller Dyskrasie etc. eine vorsichtig geleitete Bade- und Brunnenkur, verbunden mit den Einflüssen der Luftveränderung und einer roborirenden Diät, oft vortreffliche Dienste leisten und die Bedingungen für die spätere Tilgung der Syphilis durch specifische Mittel wesentlich verbessern können, ist unzweifelhaft, auch wird man anerkennen müssen, dass bei einer Inunctionskur eine gleichzeitige Badekur wesentliche Dienste leisten kann, indem durch Erhöhung der Vitalität der Haut und durch Vermehrung der Ausscheidungen sowohl die Aufnahme als auch die Wiederausscheidung des Quecksilbers erleichtert wird. Nur dürften Soolbäder, Schwefelthermen und die hydropathischen Methoden darin so ziemlich dasselbe leisten, und die erstern höchstens wegen ihrer grössern hautbelebenden Wirkung einen kleinen Vorrang behaupten können. Es folgt daraus immerhin, dass wenn unsere Quellen auch kein Antisyphiliticum sind, man doch mit Erfolg manche Fälle von hartnäckigen Lues, deren Heilung durch die gewöhnlichen Methoden nicht gelingen

6*

will, hier einer combinirten Bade- und Einreibungskur wird unterwerfen können, und die grosse, eher zunehmende Zahl solcher Patienten, die deshalb hergeschickt werden, spricht am besten für die günstigen Erfolge. In einer Katcgorie von Fällen behaupten unsere Quellen übrigens entschieden den Vorrang. Wenn nämlich Syphilis scrofulose Individuen befällt, tritt sie nach allen Erfahrungen ganz besonders hartnäckig auf, und eine vorausgegangene Tilgung der scrofulosen Anlage wird dann natürlich wesentlich, wenn auch nur indirect zur schnellern Heilung der Krankheit beitragen.

4. Hautkrankheiten.

Die Lorbeeren, welche unsere Quellen auf diesem von
so vielen Bädern in Anspruch genommenen Felde erworben
haben, und die vielleicht mehr als die langsamer und weniger ins Auge fallenden Wirkungen bei andern Leiden zu
dem fast fabelhaften Wachsthum von Kreuznach beigetragen
haben, werden denselben nicht ohne lebhaften Widerspruch
zuerkannt. Hebra, der Begründer nicht nur eines neuen ra-
tionellen Systems, sondern auch einer durchaus neuen therapeutischen Methode, erwähnt fast niemals oder nur mit
Geringschätzung der Soolbäder wie aller andern Bäder als
Heilmittel bei chronischen Exanthemen, und ein neuerer
balneologischer Schriftsteller, der noch dazu Arzt in einem
Soolbade ist, weist dieselben, soweit sie nicht auf scrofuloser
Ursache beruhen, gänzlich aus dem Heilgebiet der Soolquellen, indem er sogar betont, bei Eczemen, also der bei
weitem grössten Anzahl der Fälle, fast nur Verschlimmerung nach dem Gebrauch der Soolbäder gesehen zu haben.
Natürlich lässt sich eine solche Controverse nicht durch
theoretische Beweisgründe und Erörterungen, sondern nur
durch Casuistik entscheiden; wenn indessen von den Geg-
nern der Soolbäder der Grund geltend gemacht wird, dass
der durch das Kochsalz gesetzte Reiz auf die schon ab-

norm reizbare Haut schädlich wirke, so ist doch dagegen
zu erinnern, dass fast alle von der neuen dermatologischen
Schule gegen die chronischen Exantheme mit so grossem
Erfolg angewandten Lokal-Mittel, wie Theer, Schmierseife
etc., entschieden ebenfalls als Hautreize wirken und dass
von manchen neueren Dermatologen gerade das Princip
aufgestellt wird, durch energische ,Anwendung von Reiz-
mitteln die chronischen Exantheme gewissermassen in
acute zu verwandeln, und dadurch den ganzen Verlauf
der Krankheit zu beschleunigen, indem dadurch die in den
erkrankten Hautparthieen vorhandene Stase beseitigt, die
gesunkene Vitalität gehoben, und die Producte der örtlichen
Stockungen zur Resorbtion gebracht werden sollen. Jedes
Mittel, was hiezu beiträgt ist willkommen, und dass die
Soolbäder mit ihrem mannigfachen und leicht zu reguli-
renden und zu differenzirenden Verstärkungen, ein solches
Mittel bieten, wird man ihnen schwerlich absprechen können. Ja wir können, selbst von den Fällen von scrofulosen
Exanthemen abgesehen, in denen noch die innerliche alterirende Wirkung unserer Quellen hinzu kommt, behaupten,
dass dieselben für die locale Behandlung der chronischen
Exantheme zwei wichtige Indicationen erfüllen. Einmal
nämlich wird schon durch die Wirkung des warmen Wassers die in vielen Fällen verdickte, mit Schuppen, Krusten
etc. bedeckte Epidermis erweicht und in mildester Weise
losgelöst und die darunter befindliche erkrankte Cutis für
den Angriff der zu applicirenden Lokal-Mittel mehr
zugänglich gemacht, und zweitens sind es die durch Zusätze
von Mutterlauge in beliebiger Concentration anwendbaren
festen Bestandtheile der Soole, welche direct als locale

Heilmittel wirken. Dass dabei der ursprünglich geringe
aber beliebig verstärkbare Salzgehalt unserer Quelle insofern einen gewissen Vorzug verleiht, als dadurch in natür-
licher Weise Bäder von den verschiedensten für alle Fälle
passenden Stärkegraden geboten werden, und die dem
Patienten immer etwas missliebigen Zusätze von süssem
Wasser fast ganz entbehrlich gemacht werden, liegt auf
der Hand.

Besser aber als durch alle theoretischen Betrachtungen wird die Wirksamkeit unserer Quellen in vielen
Hautkrankheiten dadurch bewiesen, dass bei einem Leiden,
bei dem Erfolg oder Misserfolg für Patienten und Arzt
so schnell und sicher zu controliren sind, die Zahl der
Hülfesuchenden seit dem 30jährigen Bestehen des Bades
fortwährend zunimmt. Ob nun die, wie es scheint, besseren
Erfolge in Kreuznach anderen Soolbädern gegenüber auf
Rechnung der eigenthümlichen Zusammensetzung unserer
Quelle und Mutterlauge, oder der hier üblichen, neben der
örtlichen Application auch auf eine mächtige Anregung
des ganzen Stoffwechsels berechneten Methode kommt,
wagen wir nicht zu entscheiden; genug die günstigen
Erfolge liegen unzweifelhaft vor, und jeder hier beschäftigte
Arzt könnte wohl aus seiner Erfahrung einen reichen
Beitrag zur Sammlung hier geheilter Fälle von Eczema,
Psoriaris etc. liefern.

Was die hier geübte Methode anbetrifft, so richtet
sich natürlich die Energie der Anwendung nach dem jedes-
maligen Fall, und nirgends würde sich die Behandlung
nach einer hergebrachten Schablone härter und schneller
bestrafen als bei den Hautkrankheiten. Es kann hier da-

her nur ganz im Allgemeinen gesagt oder vielmehr wiederholt werden, dass, abgesehen von scrofulosen Fällen, bei
denen noch die innerliche Wirkung des Soolwassers zu
betonen ist, und die meist leicht einer allgemeinen antiscrofulosen Behandlung weichen, der Hauptaugenmerk bej
der Behandlung darauf gerichtet sein muss, durch die
Application der Soole resp. Mutterlauge die gesunkene
Vitalität der Haut, welche wieder die Veranlassung von
Circulationsstockungen (Stasen), Exsudationen und Infiltrationen, den eigentlichen Krankheitsproducten der meisten
Hautkrankheiten, ist, zu neuer Energie anzufachen, die
Blutcirculationen zu beschleunigen und dadurch die Schmel-
zung und Resorbtion der gesetzten Exsudate etc. zu ermöglichen. Dieser Zweck wird meist dadurch erreicht, dass
man den Patienten zunächst einige warme und langdauernde
einfache Soolbäder nehmen lässt, um die Epidermis zu
erweichen und die vorhandenen Schuppen und Krusten zu
entfernen, und dann den Bädern Mutterlauge in steigender
Quantität bis zu der für den individuellen Fall geeigneten
Stärke, die sich aber niemals von vornherein bestimmen
lässt, zusetzt, um eben den nöthigen Reiz auf die erkrankte
Haut direct auszuüben. Von grosser Wichtigkeit dabei
ist aber, diese Reizmittel nicht zu lange fortzusetzen,
sondern im geeigneten Zeitpunkt abzubrechen; und zwar
wird das natürlich dann geschehen müssen, wenn die vorhandenen krankhaften Producte in der Cutis beseitigt sind,
und man fürchten müsste, durch Fortsetzung der Application
des Reizmittels in der noch sehr empfindlichen Haut einen
neuen schädlichen Reiz zu setzen. Das ist die Gefahr einer
schablonenmässigen Anwendung der starken Bäder, wie

überhaupt die Gefahr einer jeden unmethodischen und gedankenlosen Anwendung localer Mittel. Zuweilen genügt die Einwirkung allgemeiner Bäder nicht, und wir müssen noch Umschläge von Mutterlauge, Douchen etc. zu Hülfe nehmen. Daneben wird, wo es erforderlich scheint, durch den gleichzeitigen innern Gebrauch der Soole oder eines andern Mineralbrunnens und vor allen Dingen durch ein zweckmässiges Regime auch im Allgemeinen auf Anregung des Stoffwechsels hinzuwirken sein.

Was die Zuhülfenahme anderer innerer oder äusserer Mittel während der hiesigen Kur betrifft, so versteht es sich wohl von selbst, dass wir sie nicht zurückweisen werden, wo wir uns davon mit Sicherheit einen Nutzen versprechen können, denn wie jedes Arztes, so ist es ja auch eines Badearztes erste Pflicht, schnell und sicher, gleichviel mit welchen Mitteln, zu heilen. In allen Fällen aber, wo wir der Wirkung unserer speciellen Kurmittel die Beseitigung des Leidens nur irgend zutrauen, sowie in den sehr zahlreichen Fällen, wo die vorausgegangene methodische Behandlung mit den erprobten Mitteln der neueren Dermatologie keinen Erfolg erzielt hatte, beschränken wir uns streng auf die Anwendung unserer Kurmittel, mit der Ausnahme, dass wir den Gebrauch auch anderer rein erweichender Mittel als des warmen Bades in keinem Falle unterlassen, wo eine schnelle Entfernung von trockenen Epidermisschuppen, Eiterkrusten etc. erforderlich erscheint. Schon die jedem Beobachter wünschenswerthe Reinheit der Beobachtung rechtfertigt unter den genannten Bedingungen ein solches Verfahren, denn nur die allein durch unsere Kurmittel geheilten Fälle können mitgezählt werden, wo es sich um die Frage von der Wirksamkeit unserer Quellen bei chronischen Exanthemen handelt. Im Folgenden werden wir diejenigen Formen der chronischen Exantheme, deren Behandlung durch die hiesigen Kurmittel dem Verfasser entschieden günstige Resultate gegeben hat, einer kurzen balneotherapeutischen Besprechung unterziehen, in welcher die der scrofulosen Formen, oder vielleicht besser gesagt, der bei scrofulosen Individuen besonders häufig vorkommenden Formen (Eczema impetiginodes, Lichen scrofulosus, Lupus), deren Behandlung keine andere Modification als die durch den besonderen scrofulosen Habitus (erethischen oder torpiden) bedingte erheischt, miteinbegriffen sein wird. Solche Hautkrankheiten, bei denen wir hier niemals eine andere heilsame Wirkung gesehen haben, als die allgemeine erweichende, welche mit jedem warmen und sehr protrahirten Bade verbunden ist, wie z. B. Ichthyosis, Prurigo etc. schliessen wir lieber von unsern Betrachtungen aus. Bei Prurigo hat der Verfasser wenigstens in einem Fall von einem Patienten, der schon die verschiedensten Bäder und andere Mittel versucht hatte, die Versicherung gehört, dass ihm unsere Bäder verhältnissmässig die grösste und dauernste Linderung verschafft hätten, was auch von andern Beobachtern erwähnt wird; dagegen wurde bei den beiden dem Verfasser hier zur Beobachtung gekommenen leichtern Fällen von Ichthyosis, trotz sehr langer Kuren mit sehr protrahirten und starken Bädern, kein anderer Erfolg gesehen, als eine sehr vorübergehende Erweichung und Abstossung der obersten Epidermis-Schichten.

Ganz unstatthaft aber erscheint es, auch die parasitischen Hautkrankheiten unter den Indicationen für unsere Quellen aufzuführen, wie es wohl hie und da noch geschieht. Denn wenn es auch unzweifelhaft möglich ist, durch ausdauernde und energische Application concentrirter Mutterlauge-Umschläge etc. einem Parasiten schliesslich den Aufenthalt in der Haut gründlich zu verleiden, so dürfte dieser Erfolg doch wohl in allen Fällen schneller, sicherer und billiger durch andere Mittel zu erreichen sein.

Seborrhoe.

Die gewöhnliche Seborrhoe kleiner Kinder (Gneis) ist nicht leicht Gegenstand der Behandlung in Bädern; von der Seborrhoe der Erwachsenen beobachteten wir bisher nur die häufiger vorkommende der behaarten Kopfhaut. Sie tritt in der grossen Mehrzahl der Fälle bei Frauen und besonders bei jungen Mädchen bald nach der Entwicklung, verbunden mit Menstruations-Störungen und chlorotischen Erscheinungen auf, wurde aber hier auch mehrmals bei Männern beobachtet. Auch bei grössern Kindern, besonders Mädchen von 10—13 Jahren kommen leichtere Fälle häufig vor und sind dann meist mit andern scrofulosen Symptomen vergesellschaftet. In den meisten Fällen bestand die Behandlung, nach vorausgegangener Erweichung der die Kopfhaut in zusammenhängenden Schichten bedeckenden dicken weisslichen Schuppen durch Leberthran-Umschläge, in Bädern und Umschlägen mit starkem Zusatz von Mutterlauge und hatte jedesmal den entschiedensten momentanen, in den Fällen, wo der Verfasser später noch Nachricht von den Patienten erhielt, auch dauernden Erfolg. Bei jungen Mädchen führt gewöhnlich eine gegen die begleitenden chlorotischen Erscheinungen gerichtete Behandlung, verbunden mit mechanischer Erweichung und Entfernung der Schuppen und schwachen, kühlen Soolbädern, bald zum Ziel. Der innere Gebrauch der Soole ist hier gewöhnlich contraindicirt.

Erysipelas.

Selbstverständlich kann das Erysipelas an und für sich niemals Heilobject unserer Quellen sein, deren Anwendung vielmehr der Ausbruch des Leidens entschieden verbietet. Es kommen aber zahlreiche Fälle vor, wo, meist bei jungen Mädchen mit erethisch scrofulosem Habitus, geringe und meist kaum beachtete Affectionen der Nasenschleimhaut Anlass geben zu wiederholten erysipelatösen Entzündungen der Nase und Lippen, sowie auch des behaarten Kopfes, welche ausserordentlich lästig und zuweilen selbst gefährlich sind, leicht als idiopathische Affectionen imponiren und dann wohl zur Annahme einer Art von erysipelatöser Anlage oder Diathese verführen. Solche Fälle gehören natürlich entschieden in das Heilgebiet unserer Quellen und werden bei gehöriger Berücksichtigung des ursächlichen örtlichen Momentes sowie des scrofulosen Allgemeinleidens zuweilen schon durch eine, fast immer aber durch wiederholte Kuren geheilt. Dem Verfasser ist ein Fall vorgekommen, der besonders geeignet ist, die günstige Wirkung unserer Bäder bei dergleichen Fällen zu illustriren. Ein junges Mädchen aus einer norddeutschen Stadt, die seit längerer Zeit an Ozaena scrofulosa litt, wurde während des Winters mehrere Male von heftigen und selbst bedenklichen Anfällen von Kopfrose heimgesucht, in Folge deren sie beinahe ihr ganzes Haupthaar einbüsste. Als sie im Sommer darauf Münster besuchte, bestand bei allgemeinem erethisch scrofulosem Habitus nur eine leichte katarrhalische, aber sehr hartnäckige Affection der Nasenschleimhaut, ohne sichtbare Ulcerationen. Nach einer vorsichtigen und gelinden Kur, welche besonders auch die Affection der Nasenschleimhaut durch örtliche Anwendung der Soole berücksichtigte, kehrte Patientin anscheinend ohne Besserung nach Hause zurück. Indessen verschwand bald nach der Rückkehr die scrofulöse Ozaena, und keine neuen Anfälle von Erysipelas traten auf, und als Patientin im nächsten Sommer darauf zur Befestigung der Wirkung noch einmal Münster besuchte, war sie durch den üppigen Wuchs ihres Haupthaares, sowie durch augenfällige Veränderung des ganzen Habitus beinahe unkenntlich geworden.

Eczema.

Wir begreifen unter diesen Namen auch diejenigen mehr pustulösen Formen (Impetigo capitis et facili, Porrigo favosa, Achor), welche nach Hebra als Entwicklungsformen des Eczem's zu betrachten sind, und welche besonders häufig bei scrofulosen Individuen auftreten.

Die Wirkung unserer Bäder bei dieser hier am häufigsten zur Behandlung kommenden Form der Hautkrankheiten ist eine um so günstigere, je weniger acut der Verlauf und je geringer der Reizzustand der erkrankten Hautpartien ist, ferner jo mehr das örtliche Hautleiden

auf der Basis allgemeiner Scrofulose beruht. Die Anwendung unserer Kurmittel erheischt hier eine ganz besondere
Vorsicht, und muss die jedesmalige Stärke der Bäder mit
grösster Sorgfalt bemessen werden, wenn man nicht riski-
ren will, anstatt Heilung dauernde Verschlimmerung ein-
· treten zu sehen. Finden wir hier zuweilen bei sehr reizbarer Haut und grosser Verbreitung des Uebels (Eczema
universale) schon die reinen Soolbäder anfangs zu reizend,
so sehen wir uns dagegen in andern Fällen mit sehr chro-
nischem Verlauf und unbedeutender Infiltration der Cutis
genöthigt, zu den stärksten Mutterlaugenzusätzen zu greifen
und zwar meist mit eclatanterem Erfolg als da, wo wir
nur mit sehr schwachen Bädern operiren dürfen. Dass
manche Fälle von Eczem überhaupt für unsere Quellen
gar nicht passen, unterliegt gar keinem Zweifel, so z. B.
nach den Erfahrungen des Verfassers die meisten Fälle
von Eczema universale bei jüngeren Kindern mit excessiver Reizbarkeit der Haut, Fälle, die wohl mit besserm
Erfolg mit kaltem Wasser und Leberthran zu behandeln
sein dürften, aber auch dann häufig genug ungünstig
enden. Was die von Hebra eingeführte Haupteintheilung
der mannigfachen Formen des Eczem's in Eczema simplex
und Eczema rubrum betrifft, so ist dieselbe auch für die
Behandlung insofern von Wichtigkeit als das Eczema rubrum, welches das vorgeschrittene Stadium und die mehr
inveterirte Form repräsentirt, meist eine viel energischere
Application unserer Heilmittel erträgt und erfordert. Zuweilen tritt nach einer Anzahl von Bädern eine vorübergehende Verschlimmerung des Uebels ein, die aber, besonders bei sehr torpiden Formen nicht von schlechter, sondern

vielmehr meist von guter Bedeutung ist und nicht das Abbrechen der Kur, sondern höchstens zuweilen Verringerung der Mutterlauge-Zusätze indicirt. Dass in allen Fällen, wo Allgemeinleiden, wie Scrofulose, Chlorose, Unterleibsstockungen mit im Spiel sind, der innere Gebrauch, sei es unseres Brunnens, sei es eines andern (Kissingen, Schwalbach etc.) und eine dem speciellen Fall angemessene Diät mit der Badekur verbunden sein muss, ist selbstverständlich. Von medicamentösen äusseren oder inneren Mitteln, die bei den bei uns Hülfe suchenden Patienten meist schon gründlich probirt sind, abstrahiren wir soviel als möglich. Nur von den rein erweichenden Mitteln wie Seife, Glycerin, Leberthran machen wir bei starker Krusten- und Schuppenbildung fleissigen Gebrauch, da es natürlich von der grössten Wichtigkeit ist, vor Allem die auf der Haut angesammelten Krankheitsproducte zu entfernen und die kranke Hautfläche mit dem Mittel in directe Berührung zu bringen. Was die Diät anbelangt, so muss dieselbe hier eine besonders streng geregelte sein. Fette und gewürzte Speisen, Spirituosen, zuweilen selbst Thee und Kaffee sind zu untersagen, und ist die Nahrungsquantität überhaupt etwas einzuschränken; dagegen muss man auf starke und anhaltende Bewegung im Freien behufs Anregung der Hautthätigkeit dringen.

Abgesehen von diesen Andeutungen lassen sich allgemeine Vorschriften über die Anwendung unserer Kurmittel bei dieser proteusartigen Krankheit nicht leicht geben. Wie ja bei den chronich Exanthemen überhaupt die geschickte und consequente Anwendung eines bestimmten Mittels von ebenso grosser Wichtigkeit ist, als die

Wahl des Mittels selbst, so können besonders bei Behandlung der Eczeme nur Takt und Erfahrung die Bestimmung der richtigen Stärke der Bäder und des Zeitpunktes, bis zu welchem sie fortzusetzen sind, an die Hand geben.

Psoriasis.

Nächst dem Eczem kommt von Hautkrankheiten die Psoriasis am häufigsten in unsere Behandlung. Es würde wenig bedeuten zu sagen, dass die meisten Fälle schon während der Kur geheilt oder wenigstens beinahe geheilt werden, weil bekanntlich jede energische und richtig geleitete äussere Behandlung früher oder später zu diesem Ziele führt; nur Heilungen, welche wenigstens mehrere Jahre Stand gehalten haben, würden für eine bevorzugte Wirkung unserer Bäder bei dieser fast immer recidivirenden Krankheit sprechen. Leider gehen viele Fälle von hier behandelter Psoriasis dadurch der Beobachtung (wenigstens für den Badearzt) verloren, dass nach 1 oder 2mal wiederholter Kur alle Nachrichten über die Dauer der Wirkung ausbleiben. Indessen stehen dem Verfasser doch eine kleine Anzahl von Fällen zu Gebote wo Recidive bis jetzt nach 2, 3 und 4 Jahren noch nicht eingetreten sind, in einem Falle sogar nach nur einmaligem Gebrauch der Kur. — Die Behandlung erfordert eine sehr energische Application der Mutterlauge und sehr warme und sehr protrahirte Bäder. Zur Erweichung und Entfernung der Schuppen lassen wir vor jedem Bade gewöhnlich eine Einreibung mit Schmierseife machen; im Bade müssen die kranken Hautstellen stark frottirt werden. Von andern innern und äussern Mitteln machen wir meist nur in den Fällen Gebrauch, in welchen dieselben vorher noch nicht oder noch nicht consequent genug angewendet waren und auch dann erst gegen das Ende der Badekur.

Wo Syphilis zu Grunde liegt, wie meist, aber doch nicht immer, bei Psoriaris palmaris et plantaris, versäumen wir es niemals, gleichzeitig eine antisyphilitische Behandlung einzuleiten, ohne den immerhin nützlichen Gebrauch der Bäder, von denen die Patienten doch nun einmal das Heil erwarten, ganz zu unterlassen.

Lichen.

Von den wirklichen Lichenformen (Lichen scrofulosus und Lichen ruber) stehen dem Verfasser nur über den ersten eigene Erfahrungen zu Gebote. Hier genügen fast immer schwache Bäder, verbunden mit dem mässigen innern Gebrauch des Brunnens, das örtliche Leiden zu heben. Die gleichzeitig bestehende scrofulose Diathese erfordert aber immer Fortsetzung der antiscrofulosen Behandlung im Winter durch Darreichung von Leberthran und womöglich Wiederholung der Badekur im nächsten Jahr.

Acne.

Nach Virchow gehören die drei Hauptformen der Acne (A. disseminata, A. mentagra, A. rosacea) sämmtlich zu den sogenannten Retentionsgeschwülsten, entstehen durch Verstopfung der Ausführungsgänge der Haarbälge und consecutiver Entzündung derselben und unterscheiden

7

sich nur durch ihren Sitz und die Betheiligung der benachbarten Gewebe und Gefässe. Dagegen glaubt Hebra, die Acne rosacea, welche nach ihm in einer Bindegewebs- und Gefässneubildung besteht und nur häufig mit Acne disseminata combinirt ist, von den beiden andern Formen trennen zu müssen, von denen sie sich auch dadurch unterscheide, dass sie nicht als idiopathische Affection, sondern nur als Folgeerscheinung anderer krankhaften Zustände (Störungen in der weiblichen Geschlechtssphäre, Abusus spirituosorum) auftritt.

Wir ziehen es vor, die Besprechung der Behandlung aller drei Formen, die sehr viel Gleichartiges haben, zu verbinden, obgleich Hebra's Unterscheidung gewiss gerechtfertigt ist.

Im Ganzen kann man sagen, dass unsere Quellen bei diesen Affectionen von überraschend günstiger Wirkung sind, wenn auch, besonders bei Sycosis und A. rosacea, dem Arzt sowie dem Patienten die Erfolge nichts weniger als leicht gemacht, vielmehr an die Consequenz und Ausdauer beider die allerernstesten Ansprüche gemacht werden. Es ist hier nämlich die tägliche örtliche Behandlung der kranken Stellen durchaus zum Gelingen der Kur erforderlich, und wenn dieselbe bei leichtern Fällen wie A. disseminata auch keine schwierige Sache ist und meist den Patienten überlassen werden kann, so ist doch die Mühe und Unbequemlichkeit, welche die sorgfältige Depilation der erkrankten Haare, die Zerstörung und Aetzung der Knoten, Gefässerweiterungen und hypertrophischen Hautparthien macht, für Arzt und Patienten keine kleine Geduldsprobe. — Starke Mutterlaugbäder und Umschläge mit verdünnter

Mutterlauge bilden die wichtige balneologische Grundlage
der hiesigen Behandlung, die entschieden bessere und
dauerndere Erfolge aufzuweisen hat als eine noch so
sorgfältig und energisch gehandhabte bloss locale Behandlungsweise. — Bei Sycosis sowohl wie besonders bei A.
rosacea führt fast immer erst eine wiederholte Kur zum
Ziel, doch hat Verfasser bei der ersten und noch häufiger
bei A. disseminata auch schon nach einer Kur Heilung
gesehen. — Eine sehr scrupulöse Berücksichtigung erfordert
hier die Diät, besonders wo sich der Zusammenhang mit
Abusus spirituosorum nachweisen lässt, und wird fasst
immer eine reizlose, mehr oder weniger entziehende Diät
am Platze sein. Für den innern Gebrauch substituirt man
hier meist mit Vortheil dem hiesigen Brunnen die stärker
auflösenden Wässer von Kissingen, Karlsbad oder Marien-
bad. Etwaige ursächliche Leiden der Geschlechtsorgane
müssen natürlich besonders behandelt werden.

Ulcerationen der Haut.

Wir haben oben gesehen, dass die käsigen Producte
der scrofulosen Erkrankungen der Lymphdrüsen, sowie
auch die der sogenannten kalten Abscesse, wenn sie erweichen, oft zur Bildung scrofuloser Geschwüre Anlass
geben. Dieselben bilden in der Regel nur unwichtige
Theilerscheinungen des allgemeinen Leidens, können aber
auch durch ihre grosse Ausdehnung und ihre Prävalenz
über alle andern Symptome als scheinbar ganz für sich
bestehende Affectionen imponiren. Ausserdem kommen
noch ausgedehnte Ulcerationen der Haut bei Syphilis cu-

7*

tanea und Hauttuberculose vor, von denen aber nur die
Letztern hier zu berücksichtigen sind.

Bei einem jungen Mädchen, bei welchem ausser dem
allgemeinen Habitus keine anderen scrofulosen Symptome
vorhanden waren, sah Verfasser ganz enorm ausgebreitete
flache Ulcerationen am Halse und auf der Brust mit weit
unterminirten schlaffen Rändern, unreinem Grunde und
sehr profuser Eiterung schon nach vierwöchentlichem Gebrauch der Bäder sich reinigen und mit gesunden Granu-
lationen bedecken. Im Lauf des folgenden Winters heilten
sämmtliche Geschwüre zu und die Patientin wiederholte
nur zur Befestigung der Wirkung noch einmal die Kur.

In einem andern Fall dagegen, der einen robusten
Mann von 40 Jahren betraf, und wo die etwas zweifelhafte
Diagnose auf Hauttuberculose gestellt wurde (Syphilis
konnte mit Sicherheit ausgeschlossen werden) hatte eine
sehr lange und energische Kur, die mit der innern Darreichung von Jod - Arsen und später von Leberthran verbunden wurde, weder hier noch später den geringsten
Effect. In diesem Fall war beinahe ein Viertel der Ober-
fläche des Körpers mit Geschwüren oder Narben geheilter
Geschwüre bedeckt, und das Leiden hatte schon 5 Jahre
lang jeder Behandlung gespottet, ohne seinen Charakter
jemals zu ändern, aber auch ohne das Allgemeinbefinden
wesentlich zu beeinträchtigen.

Lupus.

Dass in den zahlreichen Fällen, wo sich bei scrofulosen Individuen Lupus entwickelt, eine energische Sool-

bäderkur indicirt ist, kann keinem Zweifel unterliegen;
nur muss man festhalten, dass durch eine solche das örtliche Leiden niemals geheilt werden kann, sondern dass
dadurch nur die scrofulose Anlage beseitigt werden und
dem Recidiviren eines durch äussere Mittel geheilten Lupus
vorgebeugt werden kann.

5. Krankheiten der Geschlechtsorgane.

Was die Krankheiten der männlichen Geschlechtsorgane, die hier verhältnissmässig selten Gegenstand der Behandlung sind, betrifft, so könnte man a priori eine günstige Einwirkung der hiesigen Quellen auf exsudative und hyperplastische Processe in den Hoden und der Prostata annehmen; jedoch lehrt die Erfahrung, dass eine solche nur in einer beschränkten Weise und nur in leichtern und frischern Fällen stattfindet. Bei Hydrocele und bei veralteten Fällen von Hypertrophie der Prostata und Verhärtungen der Hoden in Folge gonorrhoischer und rheumatischer Entzündung sah Verfasser niemals irgend einen Erfolg, dagegen wohl einige Male bei beginnender sowohl spontaner als secundärer Anschwellung und Hypertrophie der Prostata und bei einigen frischen Fällen von Vergrösserung und Verhärtung des Hodens nach kurz vorhergegangener gonorrhoischer Epidydymitis. Ein günstiger Einfluss auf die raschere Heilung von Gonorrhoe, den man der Badekur und nicht den sonst angewandten localen und allgemeinen Mitteln hätte zuschreiben müssen, konnte niemals constatirt werden, obgleich solche Fälle nicht so gar selten hier zur Behandlung kommen. In einem Fall, wo successive beide Hoden von Tuberculose ergriffen worden waren, und noch einige schwach absondernde Fistelgänge zurückgeblieben waren, heilten dieselben sehr schnell und auch dauernd nach Gebrauch der hiesigen Bäder zu, jedoch wurden und blieben die Hoden dauernd functionsunfähig. — Die Sarcocele syphilitica gehört natürlich vor ein ganz anderes Forum.

Bei der Behandlung aller dieser Fälle ist natürlich die locale Anwendungsweise der Soole von besonderer Wichtigkeit. Bei Anschwellung der Prostata speciell sind ganz kleine Klystiere von Soolwasser, welche zur Resorption bestimmt sind, sehr anzuempfehlen.

Verhältnissmässig erst spät, nachdem Kreuznach sich schon durch seine Wirkungen in anderen Krankheiten seinen Namen gemacht hatte, lenkten auch die günstigen Erfolge, welche unsere Quellen bei manchen Affectionen der weiblichen Sexualorgane erzielt hatten, die allgemeinere Aufmerksamkeit der Aerzte und speciell der Gynaekologen auf sich, ein Umstand, der wohl mit dem ebenfalls erst seit einigen Decennien datirenden Aufschwung der Gynaekologie als Specialität zusammenhängt. Dann aber, sobald die Bahn einmal gebrochen war, wurde des Guten auch beinahe zu viel getban und es wurde von einigen durch einzelne glänzende Erfolge allzusehr enthusiasmirten Praktikern innerhalb und ausserhalb des Bades dasselbe plötzlich als Panacee für die heterogensten Fälle von Frauenkrankheiten angepriesen, die allervorgeschrittensten und bösartigsten Fälle von Neubildungen nicht ausgeschlossen. Erfuhr dann nun auch diese Uebertreibung endlich einen gesunden Rückschlag, der selbst manchmal in unberechtigte

Skepsis ausartete, so steht die Sache doch immer noch
so, dass man sagen kann, es werde auch jetzt noch hie
und da der Wirksamkeit unserer Quellen auf diesem
Gebiet zu viel zugemuthet, so dass z. B. noch immer Fälle
von kolossalem Hydrops ovarii, die nach vielen vergeblichen
Punktionen bereits bedenklichen Verfall der Kräfte zeigen,
hierhergeschickt werden; ja! dem Verfasser ist ein Fall
begegnet, wo eine junge Engländerin, die bereits zweimal
wegen Sarcoma mammae operirt war, und die ihrem un-
vermeidlichen Untergang schnell entgegenging, von ihrem
Hausarzt allen Ernstes für eine Kur in Kreuznach bestimmt
wurde!

Diesen Uebertreibungen einerseits und der zu weit
gehenden Skepsis andrerseits gegenüber wird es nicht
überflüssig sein, im Allgemeinen diejenigen pathologischen
Zustände der weiblichen Geschlechtsorgane zu bezeichnen,
in welchen sich unsere Quellen und die hiesige Kurmethode
gemäss ihrem allgemeinen Wirkungscharakter heilkräftig
beweisen können und erfahrungsgemäss bewiesen haben,
also den Umfang ihrer Indicationen auf diesem Gebiet
der Pathologie zu beschreiben, um dann später die Art
und Methode ihrer Anwendung bei den einzelnen Krankheitsformen kurz zu besprechen.

Es sind nach unserer Meinung alle diejenigen Fälle,
in welchen nach vorausgegangenen acuten oder chronischen
entzündlichen Processen in dem Parenchym des Uterus oder
der Ovarien sich Anschwellungen dieser Organe durch Exsudate oder Hyperplasien ausgebildet haben, in welchen
die hiesigen Quellen vermöge ihrer anregenden Wirkung
auf die resorbirende Thätigkeit des Gefässystems Hülfe

versprechen und in den meisten Fällen leisten. Doch muss dabei gleich bemerkt werden, dass bei der tiefen, unzugänglichen Lage dieser Organe und der grossen Hartnäckigkeit, welche ihre Affectionen allen Mitteln überhaupt entgegenzusetzen pflegen, vollständige Heilungen und vollständige Rückbildungen zu normalem Volum und normaler Function auch hier durchaus nicht immer, sondern nur in den seltenern Fällen, und dann fast immer nur nach wiederholten Kuren zu erwarten sind, während erhebliche Besserung in der That in der Mehrzahl der Fälle erzielt zu werden pflegt. Ferner mag hier zugleich erwähnt werden, dass die Prognose für die Heilung oder Besserung eine um so bessere ist, je vollständiger das eigentlich entzündliche Stadium bereits abgelaufen ist, je weniger veraltet die Fälle sind und eine je energischere Anwendung der hiesigen Kurmittel der Zustand der Patienten gestattet.

Dagegen muss eine rückbildende und heilende Wirkung unserer Quellen auf wirkliche (heteroplastische) Neubildungen der weiblichen Geschlechtsorgane im Allgemeinen entschieden in Abrede gestellt werden, und müssen die übrigens auch sehr seltenen Fälle, in denen solche Heilungen von hiesigen und anderen zuverlässigen Beobachtern berichtet werden, wohl mehr als zufällige Erscheinungen post hoc angesehen werden. Dahin gehören besonders die hier in der That beobachteten einzelnen Fälle von Vereiterung und Ausstossung von Fibroiden der Gebärmutter sowie die Entleerung grosser Ovarialcysten per vaginam. Gerade der Umstand, dass dergleichen Erscheinungen, die ja auch spontan beobachtet worden sind, auch hier, wo doch ein erhebliches Zusammenströmen gynäkologischer

Fälle stattfindet, so äusserst selten vorkommen, lässt
es doch mehr als zweifelhaft erscheinen, ob hier wirklich der gewöhnlich angenommene Causalnexus bestehe.
Dem Verfasser ist noch in der letzten Saison ein Fall
vorgekommen, wo kurz vor der Badekur eine solche spon-
tane Entleerung einer beträchtlichen Ovarialcyste statt-
gefunden hatte; würde dieselbe zufällig während des Ge-
brauches der Kur eingetreten sein, so wäre es sehr nahe-
liegend und sehr verzeiblich gewesen, dieselbe als Folge
der Kur in Anspruch zu nehmen.

Sind aber mit der Entwicklung von solchen Ge-
schwülsten congestive Schwellungen oder selbst hypertro-
phische und hyperplastische Zustände der umgebenden
Weichtheile verbunden, wie es ja häufig oder vielmehr
meistens bei Neubildungen, besonders Fibroiden der Gebärmutter der Fall ist, Zustände, welche gerade zu
den am meisten ins Auge fallenden und lästigsten Krank-
heitserscheinungen, wie Dysmenorrhoe, Blutungen, Schmerzen etc. Veranlassung geben, so ist es ja gar keine Frage,
dass solche Fälle ebenfalls in den Kreis der Indicationen
unsrer Quellen fallen, und es ist eine durch zahllose Fälle
bestätigte Erfahrung, dass dergleichen Patienten die aller-
wohlthätigsten, wenn auch leider nicht sehr nachhaltigen
Wirkungen von den hiesigen Bädern spüren. Darauf sind
z. B. wohl fast immer die Fälle von angeblichen Verkleinerungen von Fibroiden des Uterus zurückzuführen; ver-
ringert hat sich dabei immer nur die Schwellung oder der
Infarkt des umgebenden Uteringewebes, was natürlich leicht
als Verkleinerung der Geschwulst selbst imponirt.

Immerhin sind dies Erfolge, welche, trotzdem dass

der Glaube an eine radicale Heilung solcher Geschwülste
durch den Gebrauch unsrer Quellen auch in weitern ärztlichen Kreisen ziemlich erschüttert ist, solche Patienten
noch immer sehr zahlreich bei uns Hülfe suchen lassen
und stets suchen lassen werden. Bei der Behandlung
derselben legen wir selbstverständlich das Hauptgewicht
auf die Bäder, die wir so stark verordnen als es der freilich oft sehr reizbare Zustand der Patientinnen erlaubt,
ausserdem aber besonders auf die locale Application der
Mutterlauge in Form von (natürlich verdünnten) Einspritzungen und Umschlägen auf den Leib.

Weitaus sicherer und erfolgreicher ist die Wirkung
der hiesigen Kur bei denjenigen Vergrösserungen der
Ovarien und des Uterus, welche die chronisch-entzündlichen Processe in diesen Organen begleiten und in hyperplastischen Wucherungen der Gewebselemente (besonders
des Bindegewebes) oder Ablagerungen von flüssigen oder
festen amorphen Exsudat-Massen bestehen. Dergleichen Anschwellungen sind erfahrungsgemäss der Resorption zugänglich und bewährte sich hier in allgemein und insbe-
sondere auch von den namhaftesten Gynaekologen aner-
kannter Weise die resorbirende Wirkung unseres Bades.

Auch hier sind indessen die Erfolge keine sehr
schnellen und sogleich in die Augen fallenden, die Behandlung aber ist immer eine ausserordentlich schwierige, da
wohl bei keiner andern der hier zur Behandlung kommenden Krankheiten eine so scrupulöse Berücksichtigung des
individuellen Zustandes nöthig ist, und so wenig allgemein
gültige Regeln dafür aufzustellen sind. Besonders hartnäckig erweist sich gegen die Behandlung die chronische

Oophoritis, bei welcher das leidende Organ so schwer zugänglich ist, und wobei so häufig Zustände von excessiver Reizbarkeit, die zuweilen geradezu in eine Art Neuralgie des Ovariums ausarten, bestehen, welche eine energischere und desshalb wirksamere Anwendung der Kurmittel meist verbieten. Hier ist man daher genöthigt, mit ganz schwachen Soolbädern und etwas stärkeren Umschlägen auf den Unterleib die Kur zu beginnen und dann sehr allmählich und vorsichtig damit zu steigen. Eine vollständige Rückbildung des vergrösserten Organs ist wohl ein sehr seltener Erfolg unserer Bäder; dagegen werden Verkleinerungen desselben und Besserung der Symptome sehr häufig, wenn auch in den meisten Fällen erst einige Zeit nach der Kur oder nach mehreren Kuren beobachtet.

Weit mehr der directen Behandlung zugänglich und auch von besserer Prognose in Bezug auf Besserung der Symptome sind die chronischen entzündlichen Anschwellungen der Gebärmutter (Metritis chronica, Infarctus uteri), wie sie in Folge von acuter Metritis oder besonders in Folge unvollkommener Involution der Gebärmutter nach dem Wochenbett zurückbleiben und die mit wirklicher Vermehrung der Bindegewebselemente in dem Parenchym des Organs verknüpft sind. In diesen Fällen, besonders, wo der entzündliche Process schon mehr abgelaufen ist, die Sache noch nicht gar zu sehr veraltet ist, und keine Ulcerationen am Muttermund den Fall compliciren, ist die Prognose in Bezug auf erhebliche Besserung der Symptome durch wenigstens theilweise Rückbildung des vergrösserten Organs eine entschieden günstige, wenn auch vollständige Heilung nur in den selteneren Fällen erfolgt. — Was die

Anwendung der verschiedenen Kurmittel betrifft, so gilt auch hier das eben bei Gelegenheit der Oophoritis gesagte: Die Stärke der Mittel muss durchaus · in allersorgsamster Weise dem Zustand der Reizbarkeit der Patientinnen angepasst werden und nirgends läuft man mehr Gefahr, durch gedankenloses Festhalten an einer hergebrachten Schablone zu schaden wie hier.

In den allermeisten Fällen, d. h. überall, wo nicht ganz bestimmte Gründe es verbieten, lassen wir hier Injectionen der Badeflüssigkeit in die Vagina und, wo die Vergrösserung mehr den fundus uteri betrifft, Umschläge von verdünnter Mutterlauge nach dem Bade und auch während der Nacht machen und verordnen ausserdem auch wohl mit Nutzen kleine Lavements mit Soolwasser. Eine sorgfältigst geordnete Diät, Vermeidung aller körperlichen Anstrengungen oder auch nur zu lebhafter Körperbewegungen, die möglichste Fernhaltung aller Gemüthsbewegungen, endlich sorgfältige Unterhaltung eines leichten Stuhlganges sind von nicht leicht zu überschätzender Wichtigkeit. Vor allzugeschäftiger Anwendung von Adstringentien und Aetzmitteln wegen Ulcerationen am Muttermund und Katarrh des Uterus etc. muss sehr entschieden gewarnt werden. Man darf nicht vergessen, dass diese localen Erscheinungen fast immer als Folgezustände der Congestion und der Anschwellung des Uterus-Parenchym zu betrachten sind, und dass mit Beseitigung dieser Zustände und mit der Besserung der ganzen Constitution diese Affectionen gewöhnlich von selbst heilen; sodann aber auch, dass diese Kranken, ehe sie hierher geschickt werden, meist der angreifendsten und anstrengensten localen Behandlung, nicht selten sogar Ueberbehandlung unterworfen gewesen sind, und dem Organ sowohl wie der Kranken Ruhe vor allem Andern Noth thut. Den Verfasser wenigstens hat seine Erfahrung je länger desto entschiedener zu der Ueberzeugung geführt, dass die äusserste Discretion bei der Anwendung localer Aetzmittel, Blutegel etc. zu bessern Erfolgen führt als die gegentheilige Methode, ohne übrigens diese Mittel gänzlich ausschliessen zu wollen.

Zum innern Gebrauche wenden wir dabei entweder den hiesigen Brunnen in kleinen Dosen an, oder stärker auflösende Mineralwässer, oder auch in vielen Fällen salinische oder reine Eisenwässer. Eine lange (6—8 wöchentliche) Dauer der Kur ist wohl immer zur Erzielung der grösstmöglichen Wirkung nöthig, häufig genug auch die öftere Wiederholung derselben. —

Von den einfachen Schwellungen der Mamma weichen die nach Entzündungen zurückbleibenden gutartigen Verhärtungen, welche aus Bindegewebswucherungen bestehen, ferner die chronischen Anschwellungen der Milchstränge, noch am ehesten dem Gebrauch unserer Quellen; bei wirklicher Hypertrophie d. h. Massenzunahme der ganzen Drüse dagegen sah Verfasser bisher niemals einen entschiedenen Erfolg davon. Noch viel weniger kann natürlich von einer Wirkung der hiesigen Soolbäder auf eigentliche heteroplastische Neubildungen der Mamma die Rede sein, mögen dieselben nun gutartiger oder bösartiger Natur sein.

Druck von R. Voigtländer in Kreusnach.